明知会后悔，可还是会做的事

(韩)李昭渊　朴亨镇 / 著

林　洁 / 译

北京理工大学出版社

BEIJING INSTITUTE OF TECHNOLOGY PRESS

图书在版编目(CIP)数据

明知会后悔,可还是会做的事/(韩)李昭渊,(韩)朴亨镇著;林洁译. 一北京:北京理工大学出版社,2011. 9

ISBN 978 - 7 - 5640 - 4290 - 5

Ⅰ. ①明… Ⅱ. ①李… ②朴… ③林… Ⅲ. ①女性-成功心理学-通俗读物 Ⅳ. ①B848. 4 - 49

中国版本图书馆 CIP 数据核字(2011)第 027424 号

北京市版权局著作权合同登记号图字:01 - 2011 - 0748 号

The silly things that we do

Text copyright ⓒ 2010 Lee So - yeon, Park Houng - jin

Originally published by Wisdom House Publishing Co. , Ltd

Simplified Chinese translation copyright ⓒ 2011 Beijing Institute of Technology Press

This Edition is arranged by PK Agency, Seoul, Korea.

No part of this publication may be reproduced, stored in a retrieval system or transmitted in any form or by any means, electronic, mechanical, photocopying, recording, or otherwise without a prior written permission of the Proprietor or Copyright holder.

出版发行 / 北京理工大学出版社

社　　址 / 北京市海淀区中关村南大街 5 号

邮　　编 / 100081

电　　话 / (010)68914775(办公室) 68944990(批销中心) 68911084(读者服务部)

网　　址 / http://www. bitpress. com. cn

经　　销 / 全国各地新华书店

排　　版 / 北京精彩世纪印刷科技有限公司

印　　刷 / 保定市中画美凯印刷有限公司

开　　本 / 880 毫米 × 1230 毫米　1/32

印　　张 / 7. 625

字　　数 / 152 千字

版　　次 / 2011 年 9 月第 1 版　2011 年 9 月第 1 次印刷　　　责任校对/周瑞红

定　　价 / 29. 00 元　　　　　　　　　　　　　　　　　　　　责任印制/边心超

图书出现印装质量问题,本社负责调换

序言 (Prologue)

如果能够重新回到那个时候,是否会做得更好一些?

大学时,学长每次都骑着电动脚踏车来上学。

那时的他比现在的我年轻、贫寒,却透着一股帅气。

那辆后视镜掉落、看起来无比危险的电动脚踏车经常被歪歪斜斜地放置在学院大楼的一旁,他自始至终也没有给那辆电动脚踏车安装上新的后视镜,这分明是种稚气未脱的表现,而当时的我,却固执地认为那正是学长最大的魅力——一种"玩世不恭"的态度。

偷偷观察那辆电动脚踏车是否停在大楼前已然成为我的一个习惯,因为看到电动脚踏车就意味着学长此刻正在学校里,或是教学楼,或是休息室,或是系办公室,亦或是学校的某个角落。每当看到那辆电动脚踏车,我的心就莫名地一阵悸动。

我经常偷偷地照照小镜子。

一边幻想着"要是能再漂亮点就好了"。

我参加所有可能出现学长身影的聚会。

他的声音能从远处却又清晰地传入我的耳中。

现在细细想来，当时的我即使再如何掩饰也无法隐藏心中的情愫，我想那时我的拘束、紧张，让周遭所有的人都足已洞察我对学长的心动与爱慕。

每一天都是后悔的延续。

为什么穿这件衣服出门呢？（分明还有好多漂亮的衣服！）

为什么不能与他谈笑风生？（每次都跟个傻瓜一样愣在一旁。）

为什么不能坦率地说出自己的心事？（要不直接表白算了？）

为什么偏偏在那次聚会上喝那么多酒呢？（有没有什么失礼的地方？）

还应该加大狠劲儿减肥吧！（应该向他展示一下我纤细的双臂。）

然而，

如果能够重新回到那个时候，我是否会做得更好一些呢？

是否能够不留下任何一丝一毫的悔意，是否能够做得再娴熟、稳重一些呢？

……

答案不得而知。

回想过往的时光，浮现在脑海中的仅仅是笨拙与草率。

犹如初行者般不断反复地、蠢笨地踩踩脚。

然而，我们的人生只有一次，所有的人又怎能不是人生的初行者呢？

所以，如果有这么一个人能够在适当的时候对我说：

"鲁莽冒失的人不仅仅你一个，拘束紧张的人不仅仅你一个，跌跌撞撞、受伤心痛的人不仅仅你一个，人生只有一次，我们所有的人都有曾经年少鲁莽的时候，都有跌倒失败的时候，因为我们都是第一次来到地球上生活。"

——那该多好啊！

我想这些话多多少少能让那个时候的我少些羞愧、多点安慰。

写着写着，脑海中浮现出尘封记忆中的那个曾经年少无知、青春懵懂的我，我知道我已经开始逐渐地、慢慢地长大。今后的日子里，我知道我还会不断地闯祸、不断地犯错，但是同时我知道而且我也相信，现在的我已经不会再闯下那些让我后悔不已的祸了。

反正，就这样吧。

明明知道会后悔却依然义无反顾地前进，也许这就是年轻，这就是单纯，又或许这就是有勇气的一个象征吧？

CONTENTS　目录

第 2 部

爱情太过复杂
——恋爱进行时,犯下的错闯下的祸

第 **3** 部

在甜蜜的地狱中幸存下来的法则
——工作时，犯下的错闯下的祸

第 **4** 部

人生的春天终究会到来的吧
——人生路上，犯下的错闯下的祸

第 1 部

爱情需要预演
——爱情开始时，犯下的错闯下的祸

或许爱情是从书上学来的。
仅仅是一味地模仿书中的情节，
而现实中的那个人却为何不像书中的主人公那样呢？
到底做错了什么，到底错在哪里？

是是是，非是非——因小失大

"过得好吗？"

耳边传来了那个再熟悉不过的声音。

她喜欢的低沉、委婉、充满磁性而又温柔的他的声音。

她禁不住偷偷地打量着眼前的他。

这次学长的婚礼，最让人感到意外的是，竟然能够邂逅多年未见的他。他身穿白色衬衫，黑色棉质长裤，外加一件驼色夹克，一副简约、利索却又不失优雅的装扮，手腕上的高级腕表默默地显示着主人的魅力和品位，而右手无名指上的婚戒此时有些不适时宜地闪出一道刺眼的光芒。

"他以前有这么帅吗？"她心里暗暗地回想当年的往事。

她慢条斯理地回答道："是的，过得还蛮不错的。"然而此刻，她的内心却犹如波涛翻滚，思绪万千。

"我的天啊，我怎么就错过了眼前的这个男人呢？想当年，他可是拜倒在我的石榴裙下的，却被我斩钉截铁地一口回绝了，因为我觉得他不是我的真命天子。"

"结婚了吗？"

他这一问，让她感到寂寞从骨子里渗透出来。

"结婚？还没。哦，不，是没人要。"

几年前，她拒绝了他的求婚。

"啊？怎么，怎么会这样呢？"

他跟她礼貌性地说了些以后有时间一起吃饭之类的客套话之后，在她的视线里消失了。而此后的几分钟内，她的脚如同生了根一样，无法动弹，呆呆地站在原地。

她开始懊恼为何当初会错过这样一个帅气的男生，过去与他零零星星的记忆慢慢地浮现脑海，点点滴滴开始拼凑成过往的那段回忆。

所有的这一切都"归功"于他的鼻毛。

学校前面一家残旧简陋的小酒馆，一股霉味夹杂在酸叽叽的空气中弥漫在四周。

昏暗的灯光，破烂、污秽的卫生间。

烧酒两瓶，雾蒙蒙的一片烟气……

还有一盘下酒菜——部队汤①。

---

① "部队汤"是韩国餐馆里一种很便宜的大众菜。汤里有香肠、午餐肉、杂菜、面条和泡菜等。"部队汤"这道菜虽然朴实，汤的味道也很普通，但它的名字却有着一个不平凡的来历，反映了韩国的历史。第二次世界大战后的韩国经受了较长时间的贫困，20世纪六七十年代还没有完全解决百姓的温饱问题，即便是首尔（当时还叫汉城）这样的首善之区，依然存在普遍的贫困和饥饿。与此形成强烈对比的是，美军基地里的美国大兵过着衣食无忧的生活，伙食与当时汉城的普通民众相比有着天壤之别。一些美国大兵把过期还没吃完的火腿、香肠随手扔掉。可这些"垃圾"对饥饿的韩国人来说，却像是天上掉下的馅饼。当地人将其捡回洗干净，再加上自制的泡菜、面条、豆腐等煮一下，就成了一顿美味佳肴。最初发明这种"大杂烩"的人，是驻韩美军基地附近的村民。当时人们还给它起了个洋名叫"约翰逊汤"。后来，这道菜慢慢传遍了韩国，名字也逐渐本土化，变成了"部队汤"。这个"部队"指的就是驻韩美军。(http://baike. baidu.com/view/3382355.htm)

作为学长的他就在"这样一个地方""这样一种氛围"里……"交往吧,我们。"——就这样,简单、明了。

他确实是一个好人。他诚实可信、感情丰富、善于与他人沟通、朋友多、交际广,在歌厅里他富有磁性的嗓音能够让人感受到音乐的美妙,使人沉醉在他的音乐世界里,有时候他还会在系活动室里优雅地弹奏吉他,甚至打完篮球浑身被汗水浸透的他看起来还异常的性感。于她而言,最重要的是他有着她所喜欢的低沉、委婉而又温柔的嗓音。

所以,也许她也是喜欢他的。可能她也似乎曾经有过"那个男生其实也好像蛮不错的"那样的想法。如果单从他是个诚实可信的男生这个角度去考虑的话,他所选择的表白场所以及他的真情实意其实是可以给他一个很高的分数的。

可是!

就当他在用他那低沉、性感的声音温柔地说出最后一句表白——"我想让你得到幸福"的同时,她正目不转睛地盯着他的鼻子。她的目光停留在了从他鼻孔中偷偷探出头来的那一小撮浓黑的鼻毛上。

那一小撮鼻毛集聚了她所有的注意力,她聚精会神地注视着,以致他真情告白的最后高潮部分化成了一阵耳边风。

说来也奇怪,就在她专注于他的那段短短的时间内,他那一小撮因好奇而探出头来的鼻毛像是得到了甘露的滋润一般变得愈发的浓密愈发的明显、刺眼,周遭的一切似乎开始慢慢模糊起来,就如同电影中使用的电脑特技一样。

天啊!这是她生平第一次如此真切地感受到鼻毛的存在。

"我不要!"她不由自主地喃喃自语。

"嗯？你说什么？"他用一种深邃的目光温柔地注视着她，期待着她深受感动的回答。

然而，让他感到意外的是，她选择了沉默。这不是她所期待的恋爱。她实在无法接受自己的真命天子是一个拥有如此浓密鼻毛的男子，无法想象自己与他的花前月下、海誓山盟。他既不是要求与自己共赴巫山云雨，又不是希望立即择定良辰吉日结丝萝成花烛，更不是轻浮地提出生儿育女的想法，而他单单是"想让你得到幸福"，这种单纯的、发乎情止于礼的要求得到的最后答案竟然是无言的拒绝。

仅仅因为那一小撮无辜的鼻毛！

其实，她觉得自己还会有其他更好的选择机会。这个世界上，优秀而且注重外表，尤其是懂得打扮、留心自己鼻毛的人更是犹如恒河沙数。

想到这里，她果断地从座位上站了起来，但"我无法接受你的原因是因为你的鼻毛"这句话始终无法说出口。于是，被拒绝的原因于他至今仍是个不解之谜。她不想让他因为自己而对鼻毛怅恨终身，也不想把他变成一个时时刻刻费尽心思关注自己鼻毛的男人，因为他确实是个好男人……

猛地一下从座位上站起来的那一刻，她忽然为自己感到骄傲，因为自己长大了，懂得换位思考了，知道为别人着想了。

他又一次进入到了她的视线。

稳重成熟的他正与朋友相谈甚欢。

一个如此气宇轩昂、温文儒雅的男人，实在是让人难以将他与当年的那一小撮鼻毛联想到一起。她开始有些懊恼："我的上帝啊，我怎么就错过了这么一个风度翩翩的男人呢?！"

就仅仅因为那一小撮鼻毛……

真的再也不能把鼻毛当做评判一个人的标准了！
再也不能因为这么点芝麻蒜皮的小事而耽误了大事！

"干吗呢？"恍惚之间有人拍了拍她的肩膀。

她回过神转头一看，发现是多年未见的同窗学友。

一句"过得好吗"的客套话开始了两人之间的寒暄，谈话涉及的不外乎是"结婚了没有？谈恋爱了吗？工作还顺利吧？"之类不痛不痒的内容。最后，她把那句常常挂在嘴边的"一个人很寂寞，要是有合适的人选就介绍给我认识吧！"当做了谈话的结束语。

然而，或许是因为那天那段关于鼻毛的记忆重现脑海的缘故，那句口头禅般的"要是有合适的人选就介绍给我认识吧！"再次从她口中冒出来的时候，竟是那么的真实、急切，透出了一丝渴望。于是第二天，朋友打来了电话。

"有个不错的人，介绍给你认识吧。"

朋友口中的这个男人似乎是个不错的人选。

朋友介绍说，这个男人玉树临风、仪表堂堂，乐天达观、成熟稳重，比她大两岁，在国内首屈一指的大企业中工作。同时朋友还偷偷透露了一个消息给她：这个男人早已在为结婚做准备，他在寸土寸金的江南购置了一套可作为婚房的小公寓。

"哦！太好了！"

清潭洞一间幽静的咖啡屋，他与她第一次见面。

她下意识地看了看他的鼻子。不知道是不是为了在第一次约会中给她留下一个良好深刻的印象，他的鼻毛似乎被精心地整理过一般。体面的工作、倜傥的外表、整理鼻毛的礼仪，外加上一套位于江南的公寓……简直无可挑剔。

"感谢上帝！"她真心诚意地在心中默默地感谢神的眷顾。

稳重成熟的他谈笑风生，平淡无奇的事情从他口中说出就能变成一段段生动有趣的故事。从紧张中逐渐缓解的她开始与他相视而笑，认真倾听他的讲述。

她喜上眉梢，一种平和舒适的感觉涌上心头，如同冬日午后的熙和暄暖的阳光一样，让人感觉既温馨又温暖。

可是，就在这个时候！

时间一分一秒地流逝，他全然置身于自己精彩的谈古论今之中，而他的嘴角，唾沫星子逐渐堆积成小团。慢慢地，唾沫小球像滚雪球一样开始变得越来越大。他越是倾情地畅谈，嘴边的唾沫球便积聚得越多。乳白色的唾沫球如同当年那一小撮鼻毛一样，开始变得愈加的刺眼，又一次给了她强而有力的当头一棒。渐渐地，她发现自己所有的注意力都集中在了他嘴边的唾沫球上。终于，他那些精彩的言谈犹如浮云飘过眼前，丝毫无法入耳。

"怎么又这样？我不要！"

她茫然若失，又一次深深地陷入了思索之中。

然而，他却对她产生了好感。

"这个周末有时间吗？有部电影希望能跟你一起去看……"他温柔地说着，脸上带着灿烂、真诚的笑容，而嘴边堆积的依然是那两团纯白的、吸引人眼球的唾沫。

他肯定是个优秀善良的男人，或许多年后她还会感到后悔，

但这一次她依旧选择了沉默。

附笔（Postscript）

也许，当年她的沉默、她的选择、她的感觉是对的。

四年后，她遇到了一个男人并与他一同坠入爱河。那个男人，一开口唾沫星子便满天飞，他更是任由四处乱窜的鼻毛自由生长，是个彻头彻尾不拘小节的人。

但奇怪的是，她说她并不挑剔他的鼻毛，也不嫌弃他的唾沫星子，甚至对此视若无睹。连她自己对这种"视若无睹"也感到意外。于是，她确信他是她的真命天子，他们是天生的一对。

此后，她总对朋友这样说："真是一物降一物，原来缘分真是天注定的。"

错失浪漫的机会——漠视直觉

早晨，一丝暖暖的阳光透过落地窗帘映射进颖慈的房间。

早上起床一直是一件痛苦的事情，颖慈艰难地挪了挪身子，感觉浑身酸胀，眼皮沉甸甸地搭着。

昨天夜里一直在"吃"与"不吃"之间犹豫了许久之后，颖慈最终还是抵挡不住饥饿的煎熬和拉面的诱惑，三下五除二煮了碗拉面吃了下去，就连家里前一天剩下的那半碗冷饭也连同拉面汤一同被扫了个精光。虽然眼睛肿得像两个小小的核桃，但勉强还能够睁开，为此颖慈已经在心里默念了多声"谢天谢地"了。

没错！颖慈是个知道感恩的人，即使是一件非常琐碎的事情。

"感谢上帝，让我还能够睁开眼睛……不过，也请您能够适时地出来阻止我吃拉面。"

是的，其实颖慈就是这样一个有些气性的人。

颖慈内心中的另一个颖慈：别再总吃拉面了，你看小肚腩都已经鼓出来了。

颖慈：说什么呢？你以为我想吃啊？

颖慈用力睁开浮肿的双眼，迷迷糊糊之中刷牙洗澡后，来到房间换上内衣。她习惯性地打开第一个抽屉随手提起一件蓝色格子的文胸和一条咖啡色的蕾丝内裤。刚要往上拉内裤的时候，颖慈忽然想起这条内裤的蕾丝部分破了一个洞。

"哎，扔了它之前就再穿一次吧。反正已经洗干净了。"颖慈一边想一边穿上内裤。

其实这个想法已经不止十次出现在颖慈的脑海中了，每次她穿起这条内裤的时候都会在心里暗暗地这么想。于是，内裤蕾丝上的那个小洞洞在经历了一次次的洗涤和提拉之后逐渐地变大。

镜子里映射出来的景象相当可笑：上下内衣颜色、材质不搭配暂且不说，内裤上还有一个明显的洞洞……

颖慈内心中的另一个颖慈：虽然这些都是别人看不到的部分，但你不觉得这也太过分、太寒酸了吗？

颖慈：反正又不是穿给别人看的，只有我自己知道，怕什么？

颖慈内心中的另一个颖慈：那可说不定。

颖慈：你说什么？哼！

梳妆打扮完毕的颖慈上身是一件短款衬衣，搭配黑色西式短裙，来到玄关打开鞋柜拿出一双皮鞋，准备穿上出门。

颖慈内心中的另一个颖慈：这鞋的鞋跟会不会高了点啊？

颖慈：最近流行高跟的鞋！就是这种高跟鞋！

颖慈内心中的另一个颖慈：金代理个子不是不高吗？

颖慈：为什么平白无故想到金代理啊？

其实，颖慈正偷偷地喜欢着金代理。

除了个子不太理想之外，金代理在颖慈眼里可是一个百分百完美的男人。尤其是金代理那尖尖翘翘的鼻头，在颖慈看来更是可爱至极……颖慈还喜欢金代理很男人气地吃牛小肠火锅时的样子，尤其是特别爱看每次金代理扯开嗓子大吼一声"大妈，多给点牛小肠"时的样子。

今天是部门聚餐的日子。

聚餐场所定在公司附近的一家烤五花肉店里。这是一家颖慈非常喜欢的烤肉店，因为店内每份菜的量都很足，而且猪皮是免费赠送的。

晚上聚餐的时候，无法抵挡金代理对自己的吸引力，装作若无其事的颖慈悄悄地选择了金代理旁边的座位坐下。刚一坐下，颖慈便暗自窃喜"今天穿短款衬衫真是个明智的选择"。

于是，颖慈开始不着边际地在自己的想象中遨游"衬衫这么短，我雪白的肌肤若隐若现，这种似有似无最性感了，说不定金代理会心如鹿撞，忍不住多看几眼。再怎么说他也是个男人嘛……"

烤架上的五花肉"嗞喇喇"地响，辣白菜和蒜片浸泡在受热后流出来的猪油中开始散发出酸酸辣辣的诱人香味。

颖慈很想像平时一样放开肚皮大口吃肉大口喝酒，但现在坐在金代理的身边，至少也应该表现出女孩的那份矜持与斯文，总不能让自己本已鼓鼓的小肚腩在酒肉穿肠之后暴露在众人面前。

"早知如此，昨晚就不应该吃那碗拉面。"颖慈有些后悔昨晚的一时冲动，在心里开始暗暗地埋怨起上帝，因为他没能适时地制止她的冲动。

颖慈吸了一口气，用力收紧了这个恼人的小肚腩，斯文中略带一丝腼腆地夹起一块蒜片，强忍着把筷子挪向烤肉的欲望，就着凉拌葱丝吃了起来。

颖慈内心中的另一个颖慈：蒜片和大葱味道太冲了，会有口臭的。

颖慈：谁不知道蒜片和大葱吃多了会有口臭的，这还用你提醒？

颖慈自顾着用蒜片和葱丝填饱肚子，直至嘴里和胃里开始有些火辣灼热的感觉。

颖慈内心中的另一个颖慈：就算你要吃大蒜，那也吃那些烤熟的呀！没烤熟的蒜片的味道实在是太……

颖慈:蒜片那又怎么了？烤不烤不都还是蒜？有什么不同?!

颖慈甚至还夹起几片生蒜瓣嚼了下去。

"今晚几乎没有碰到五花肉,再怎么说这个可恶的小肚腩应该会比平时看起来小一点吧?"颖慈暗地里感叹起自己的忍耐力。

这时,金代理为颖慈的杯子满上了酒。

酒过三巡,酒酣耳热的颖慈觉得金代理与酒杯在自己面前开始摇晃、重叠而且变得模糊起来。醉意越浓,颖慈觉得身旁这个小个子男人越是显得可爱迷人。

满肚子的蒜片和葱丝渐渐地发挥威力,一股冲鼻的味道慢慢地从胃里上升到口腔中然后出其不意地爆发出来,颖慈第一时间想到了要去烤肉店对面的便利店里买口腔清洁喷雾。然而,在接二连三的敬酒碰杯中,买口腔清洁喷雾的念头仅仅是在醉意醺然的脑海里停留了几秒钟之后便一闪而过。

从烤肉店出来后,大伙又移师酒吧。

颖慈的内脏几乎都属于容易过敏的类型,即她拥有容易过敏的胃、容易过敏的大肠,还有容易过敏的膀胱。

大伙正在兴头上,越喝越开心,啤酒一杯接一杯,桌上到处可见满溢出来的啤酒泡沫。坐在颖慈对面的金代理拿起装满啤酒的冰壶帮颖慈倒上了满满的一杯。倒酒时金代理强而有力的双臂上的"小老鼠"突然又让颖慈一阵心动。

"来! 干了它!"

咕咚咕咚,转眼间又是一杯啤酒下肚。

颖慈内心中的另一个颖慈:你的肠胃容易过敏!

颖慈:我知道,我能不知道吗？

颖慈内心中的另一个颖慈:你的肠胃对酒精过敏,你已经喝太多了，喝了烧酒还又喝啤酒！

颖慈：那又怎么样？

颖慈面泛醉意。

酒足饭饱之后，大伙依然余兴未减，丝毫没有要解散而各自回家的意思。于是一起来到歌厅。

颖慈内心中的另一个颖慈：把手机调成振动的吧！

颖慈：你说什么？为什么呀？要是我听不到手机响没能接到电话怎么办？

颖慈兴高采烈地唱着歌。

"还好，我一直关注着最新的娱乐新闻，把最近的流行曲和流行舞都一早就练习好了。终于可以在金代理面前展示出我与时代同呼吸共命运的一面，让他知道我可是个时尚潮人。"颖慈心里又是一阵窃喜。

颖慈内心中的另一个颖慈：你的手机铃声太吵了！

颖慈：你就不能安静点吗？你才吵呢！

歌厅门口，颖慈正四处张望想找辆出租车回家。

坐在出租车后座上的金代理见状赶紧摇下车窗，体贴地对颖慈说"我送你回家吧"。话音刚落便打开车门自己往里挪了挪，腾出位子让颖慈坐下。

"我的天啊！这到底是哪辈子修来的福气啊？"颖慈有点不相信自己的耳朵。

没错！其实金代理暗地里也是喜欢颖慈的，只是平日碍于面子没能有所表示而已。

颖慈与金代理并排坐在出租车后座上，街上的霓虹灯映射在

车窗上，金代理在昏暗中搜索着并抓住了颖慈的手。

忽然间颖慈心如鹿撞怦怦直跳，可又担心自己心跳的声音让金代理听见而泄露出内心隐藏已久的秘密，愈发地忐忑不安。

可是，啊⋯⋯这个时间竟然还会堵车。

雪上加霜的是，就在这个时候，颖慈身上那些容易过敏的器官不约而同地启动过敏机制。肚子"丝丝拉拉"地开始疼了起来，原本就已经鼓鼓的小腹因为胀气显得更加的饱满。

颖慈内心中的另一个颖慈：你看，我不是说了吗？你的肠胃容易过敏。

颖慈：别跟我说话，我都快难受死了。我差不多要忍不住了。

该死！车越来越堵，几乎可以用水泄不通来形容。

"啊⋯⋯真想推开车门跑回家去！"颖慈心里竟然冒出来这么一个想法。

"颖慈小姐，你是不是哪里不舒服？"金代理关切地问道。说完又转向司机："司机大叔，在前边稍微停一下车吧！我朋友不舒服。"

金代理果真是个善解人意的亲切好男人。

下车后颖慈以百米冲刺的速度朝着一栋破旧的大厦跑去，匆匆忙忙地钻进了卫生间。出发前，颖慈还不忘回头给金代理留下一个优雅的笑容。

"今天可真是千载难逢的绝好机会！机不可失，失不再来⋯⋯这可是能够与金代理开始浪漫爱情故事的机⋯⋯哦？这怎么回事？"颖慈的心一下子慌了——该死的，卫生间的门被锁了起来。

颖慈赶紧跑到旁边的歌厅向值班的大妈借了把挂在脏兮兮的长竹竿上的卫生间钥匙，开锁推门进去后，这时她才发现，在烤肉店吃饭的时候，自己在金代理面前若隐若现似有似无展露的并不是自己雪白的肌肤，而是那条蕾丝部分破了一个大洞的咖啡色内裤……

颖慈内心中的另一个颖慈：我不是说过了吗？就算是一般别人看不见的部分也不能这么掉以轻心。

颖慈：啊！没错啊……那也没办法了。我现在在厕所里放屁的声音，金代理在出租车里应该听不到吧！

然而，这种担心仅仅是瞬间一闪而过的想法而已，颖慈立刻又进行了一番自我安慰："旁边就是歌厅，放屁的声音再大也盖不过人家拿着麦克风唱歌的声音吧！"

颖慈拍拍短裙上的皱褶，把破了个洞的咖啡色内裤往裙子里掖了掖，慢悠悠地从卫生间走了出来。

重新回到出租车内。

金代理挪了挪身子想与颖慈拉近距离，这种气氛下，颖慈也自然而然地想要往金代理身上靠过去。就在这时候，颖慈"咯噔"一下猛地清醒了过来。

颖慈：啊！大蒜！

颖慈内心中的另一个颖慈：你看！大葱和大蒜味道太冲了吧！

怎么能让金代理觉得我是一个满嘴大蒜味的女人呢？

于是，颖慈用一种常人难以觉察的缓慢速度悄悄地使身体尽量与金代理保持一定的距离。

颖慈担心这会让金代理感到难为情。

颖慈担心金代理会误会自己对他没有好感。

在颖慈家附近。

不知不觉之间，金代理与颖慈手牵着手走在昏黄街灯照耀着

的路上。

远远望去，金代理似乎比颖慈还要矮一小截儿。

颖慈：啊！早知道这样的话，今天就不穿这双高跟鞋出门了。

颖慈内心中的另一个颖慈：你看！我说得没错吧？！鞋跟太高了！

颖慈又开始担心起来——担心金代理会犹豫畏缩；担心金代理觉得自己是一个不会站在别人立场替别人考虑的女人。

颖慈想起自己以前好像在哪里听说过，金代理有"身高情结"，"身高"这个不带任何感情色彩的名词对于金代理而言是个敏感词汇，他为自己的矮个子感到自卑。

在颖慈家门口。

说了声"晚安，再见"之后离去的金代理突然转身重新朝着颖慈走了过来。似乎要给颖慈深情一吻的金代理此时看起来无比的性感。

颖慈内心中的另一个颖慈：大葱！大蒜！大葱！大蒜！大葱！大蒜！

脑海中盘旋的回音扰乱着颖慈的心绪，就在她正在犹豫是否要迎合金代理这个微微带着醉意的亲吻的那一瞬间！

阿里郎，阿里郎，阿里郎哟，阿里郎……

一阵震耳欲聋的手机铃声不合时宜地响起。

颖慈内心中的另一个颖慈：早说了让你把手机铃声调成振动了啦！后悔了吧？！

一贯认为手机最重要的功能就是接打电话的颖慈把手机的铃声设定为最能够引起注意的传统民谣，更甚的是，她还坚持把音量调到最大。

"怎么就偏偏在这个关键时刻……"颖慈悔得肠子都青了。

错失接吻机会的颖慈灵机一动耍起了小花招。

她用一种恳切的目光注视着金代理，说了些自己头好疼，希望等酒醒了之后再回家之类的话。金代理顺水推舟地说了句"大韩民国绝对不会有哪个男人会把醉酒的女人丢在路上的"。

于是，颖慈与金代理来到了颖慈家附近的空地上，两人并排坐在长椅上，你一句我一句地聊开了。

两个人交谈甚欢，身体的距离也越来越近。

金代理突然提出："要不，我们找个地方……"

颖慈装作一脸迷茫地回答道："找个地方？ 什么……地方？"

"不管什么地方，就只有我们两个人的、安静的地方……"

"好啊好啊！ 我求之不得！！"颖慈心里喊着。

可是！ 颖慈根本无法跟着金代理一同前往那个只有两个人的地方。

因为身上的内衣不仅上下并不搭配，更令人难堪的是内裤的蕾丝部分还破了一个洞。如果到金代理所说的那个安静的、只有两个人的地方，说不定这一身尴尬的搭配就会暴露在他的面前……

妈妈咪呀！ 绝对不能让这样丢人的事情发生！

无奈之中，颖慈只好决定狠心地拒绝金代理，并化身为守身如玉的好姑娘。

早上莫名的预感在一次又一次地被忽视后，终于让颖慈后悔不迭。

附笔（Postscript）

各位，在生活中，当我们面对大大小小各种不同选择的时候，如果内心深处传来另外一个声音，那么请不要忽视这个声音、漠视这个直觉，因为它或许会给我们指引一条正确的道路。

接吻的选择——与死党相恋

——没有上过床是朋友,上了床便是恋人。

我的朋友金贤淑(化名,28岁,女,瑞草区)一边说着一边拿起盘中剩下的最后一条鱿鱼丝"吱咔吱咔"地嚼了起来。

她以"那是发生在我朋友的朋友身上的事情……"为开头的谈话,来作为对我所提出的问题的回答。

而我的问题则是

——和朋友能成为恋人吗?

金贤淑话音刚落,在旁一连喝了五杯被她称作是"最后一杯酒"的另一个朋友朴嘉熙(化名,27岁,女,麻浦区)醉眼蒙眬地像是对我们说又像是自言自语地说了句:"你不跟朋友上床吗?"然后便一头趴倒在了桌上。她到底是在说自己已经跟现在的朋友上了床,还是在表明今后也许有上床的可能性,已经不得而知了。但我所知道的是,这两个人的回答根本就是一点忙也帮不上。

忽然想起了金部长常常挂在嘴边的那句话——"无性的婚姻才是真正的婚姻模式,是步入正轨的婚姻。"

——朋友们,我说的不是婚姻里夫妻间的那种上床!

提出探讨这么一个严肃的话题的的确确是我的错。

昨天,我与认识了十多年的"臼杵之交"金永哲(化名,28岁,男,江东区)接吻了。

深情地、温柔地、难舍难分地!

为什么会发生这种让人措手不及的事件其实我自己也有些说不清楚道不明白,甚至可以说连到底是怎么发生的都已经记不太清楚了。

也许就仅仅是因为当时的气氛使然。昨晚我们俩笼罩在一种深情的、温柔的、难舍难分的氛围之中,一切情不自禁地自然而然地就发生了。在当时的那种氛围之下,如若他真的能够做到坐怀不乱,而我也能镇定自若的话,那我们俩岂不成了寺庙里的石佛像?

虽然现在有些后悔,但如果重新置身于那个环境之中,我想我们还是会做出同样的选择的。

哦! 手机响起。手机液晶屏上闪动的是那个今天让我有些触目惊心的名字——金永哲。

如果我接起这个电话的话,会发生什么事情呢?

如果永哲提出交往怎么办?

如果永哲对我说"其实长久以来,我一直暗恋你,一直在等待这样一个机会",那我该怎么办?

第 12 秒,手机就这样独自振动着,而我也越发感觉到自己的身体随着手机的振动不断地在颤抖着,甚至连眼珠子也开始震颤。

啊,朋友们,你们不要光顾着吃下酒菜好不好?!

10 秒。

11 秒。

12 秒。

第 13 秒,熟悉的手机待机音乐响起。

随着这首一周能听到三次的音乐节奏,我的心逐渐荡漾开

来，慢慢地与我最要好的死党开始了心灵感应。

善雅（化名，28 岁，女，西大门区）：喂！不要接这个电话，千万不要接。就像你吃刺身拼盘的时候不一定要把垫在生鱼片下面的萝卜丝一同吃下去的道理是一样的，这个电话不是非接不可的。

这个电话不是非接不可的！

我的睾丸素（男性荷尔蒙，同龄，男）：其实我需要的仅仅是为昨晚闯的祸寻找一个精神上的不在犯罪现场的证据而已。反正我已经主动给你打了电话，接不接电话那就是你的事情了。你不接电话，说句实在的，我感觉更轻松，不必没话找话地跟你瞎扯，我也真的不知道该跟你说些什么。我打这通电话，与其说是要跟你解释，不如说是让我自己得到心灵的慰藉。你千万不要接电话。该做的我已经做了，就这样吧……所以，请你，真的恳请你不要接我的电话！

我忽然间很想知道电影《老男孩》①里面吴大修一日三餐连

---

① 韩国导演朴赞郁编导的电影《老男孩》，另译名《原罪犯》。剧情简介：一生浑浑噩噩、嗜酒如命的吴大修（崔岷植饰）在一次醉酒回家的路上，突遭绑架，被关在一个不见天日的私人监车中，每天唯一能做的事就是看电视，一日三餐吃的就只有煎饺。一直不明为何遭绑架的吴大修，在电视上获悉妻子被人杀害、幼女下落不明，警方怀疑吴大修就是凶手，并已畏罪潜逃。为了洗清冤案，找出遭到绑架的原因，本想自杀的吴大修燃起一股报仇之火，在"狱中"不断锻炼身体，15 年之后，吴大修终于被他的仇人放了出来。重获自由后，吴大修便展开了复仇计划，而他的仇人李有真（刘智泰饰）则"放话"，只要他能够在 5 天之内猜想出绑架并被关押了 15 年的原因，便会自动"放弃生命"。吴大修开始寻找真相，而在这过程中，他渐渐明白自己才是复仇的对象，他一步步陷入仇人精心策划的陷阱中，当最终谜底揭开的时候，他却以意外的方式了断了一切……这是一部充满悬念的电影，虽然是改编自日本漫画，但却是当年被韩国观众最为看好的电影之一。（http://baike.baidu.com/view/238595.htm）

续吃了15年的那些煎饺到底会是怎样的一种味道。

我这是在胡思乱想些什么呀?!

你试试遇到这种事情看看，看你还能不能不胡思乱想，还能不能用正常的思维去考虑事情?

不要再打电话了!

在这种恳切地希望对方不接电话的非正常状态下，我能不胡思乱想吗?

22秒。

23秒。

24秒。

25秒。

看着不断振动的手机，于心不忍的我迅速抓起手机想要掀开翻盖，就在这个关键的时候，突然一股不知从哪来的力量猛地阻止住了我的冲动。

你正在嘲笑我的困扰。

你可曾试过在大雪纷飞、寒风凛冽的冬日里一头扎进冒着热气的室外温泉中? 你可曾感受过那极具诱惑、极度刺激的冰火两重天?

当你跳进雪地温泉的时候，一团温热严严实实地包围住你，让你顿时感受到人间的美好，可当你从温泉走出来的时候，是否更能感受到那种"地白风色寒，雪花大如手"的意境呢?

与死党成为恋人，当两人情投意合、两情相悦的时候，确实是让彼此的心有灵犀多了一个锦上添花的理由。

爱情可以让人有情饮水饱，因为爱是美味的、是美好的。

然而当彼此的爱情冷却下来、曲终人散的时候，当曾经的甜

言蜜语变得苍白无力的时候，我失去的，便不仅仅是恋人，还包括我身边的死党。如果雪上加霜，分手后我们形同陌路时，我们共同的朋友势必在不知不觉中分成两派。如果有些朋友自然而然地远离了我而选择了那个小子（反正已经分手了这样称呼也没什么），我是否能够坦然地面对呢？

不，我想我会与那些远离我的人成为仇人。

那么，有一天，留学归来的、不知情的朋友可能会这样问我：为什么不跟永哲一起来呀？

这个时候，我想，整个聚会立刻因为我的存在而冷场，进而变得尴尬异常。

又或者，两年后，在某个朋友的婚礼上偶遇永哲，或许我会亲眼看到传闻中那个比我年轻貌美的小女朋友挽着他的手臂卿卿我我的样子。

难道就仅仅是这样吗？

每次同学聚会或者去吃朋友新居入伙饭的时候，我都不得不先问一句："永哲去不去？"

这样每当我觉得自己快要淡忘掉我与他的曾经过往的时候，便会有一个人突如其来地在你耳边提醒一下，就算是再如何无坚不摧的姜昊东①也有被击倒的时候吧！

也就是说，与死党交往后分手，在失去恋人与朋友的同时，还将失去其他的朋友和过往的记忆。

既然已经洞察了所有的这一切，我就不能明知山有虎偏向虎

---

① 韩国著名电视综艺节目主持人，曾经的摔跤选手。

山行了吧？

难道不是吗？

33 秒。

34 秒。

35 秒。

36 秒。

再坚持一小会儿，我不在犯罪现场的证据就可以成立了。

你不要再对我指手画脚，说我是没有勇气的胆小鬼了！

明知对方就差你手里那张牌就会和牌，你还会把手里的那张牌给他吗？除非你除此之外再也没有其他牌可以打，或者心存侥幸打出那张牌。

但是这又是百分之一百确定的事情。

与死党交往有如在 63 大厦外墙上攀爬一般危险可怕。

首先，彼此对对方的恋爱史与恋爱情况了如指掌。

善雅与初恋男友分手的时候，我们喝得酩酊大醉，最后还是我伸出手指帮忙抠喉的呢。（虽然，当时吐的人不是善雅而是我自己……）

我和第二个女朋友分手的时候，帮我讨回债款的也是善雅。

虽然说打仗的时候要做到知此知彼才能百战不殆，但现在这场“战争”所知的不但是彼是此，就连对方的祖宗十八代都一清二楚，这简直就是洞若观火，还有什么胜负可言！

在当今这个网络四通八达、现实中又低头不见抬头见的世界里，更何况我们还有着同样的朋友圈。

就在我提出“要不去蹦蹦迪吧？”的那一瞬间，只要三通电话过后，善雅保准已经坐在迪吧等我了。

难道就仅仅是这些吗？

善雅可以如数家珍般复述出这些年来我的追女宣言和花花公子行径。作为朋友的话，这些都是茶余饭后谈笑闲聊的话题，可以一笑而过。可一旦她成了我的正牌女友，那走在街上我连看一眼擦身而过的女生的鞋跟，都会被认为是变态的！

对了，还有英植！那小子好像很喜欢善雅，我要是真的跟善雅交往了，该怎么去面对英植那小子呢？

说到好处嘛，就算是往跑了气的可乐里兑上些芝麻油喝下去，也总或多或少有点好处的吧？

可是，就算好处再多，这样的恋爱缺少了让人怦然心动的感觉，缺少了刻骨铭心的悸动，有的仅仅是老夫老妻之间的云淡风轻。

青梅竹马两小无猜的我们，仅仅是改变一下对彼此的称呼，留给我们的课题除了结婚就一无所有了吗？

啊！我可不是为了今天这种局面而至今仍孤身走我路的！

因为爱得太深太切，所以有很多事情是不可以越雷池半步的。

正是因为心里对死党的那份爱、那份珍惜，所以与死党是不能成为恋人的。

明知道会后悔，又何必要相爱呢？

就当做我们之间什么事情都没有发生过；就当做我们已经醉得一塌糊涂，发生了什么事情都不知道。我坚信这样做对你对我都是最好的选择。

永哲啊！你千万……我相信你的想法跟我是一样的！！

那么，就让我鼓起勇气吧！

善雅："喂，永哲啊！"

永哲："喂！哦……善雅。"

善雅："我们是好朋友，对吧？"

永哲："当然了。"

善雅："那么，所以，我是说……要不我们交往吧？"

永哲："嗯，好啊！"

这……这……

Oooooooooooooops！

附笔（Postscript）

有的时候，爱情是需要冒险的。

有的时候，爱情是强迫选择的。

我是你的朋友？还是你的恋人？

虽然我们的理性会命令我们避开冒险进行选择，但是爱情并非理性所能控制的。

"爱"与"不爱"生存在这个世界上，而当"不爱"逝去的时候，剩下的还能是什么呢？

啊！挨千刀的！

可为什么每次死掉的都是"不爱"呢？

先顾好自己再说
——听不入耳的恋爱咨询

毫无心理准备地收到一颗粉红炸弹——他们的婚礼请柬。

突然间，过去的那些点点滴滴就像走马灯一样在京姬的脑海中掠过。

京姬，陪我聊一会儿吧。

准昊又一次叫住了京姬。第二天京姬有一个中文的期中考试，虽然心里有千万个不愿意，想回家复习功课，但京姬看在自己与准昊多年铁哥们的情义上，实在不忍心就这样一口回绝掉准昊。

于是，京姬与准昊来到了学校附近的一家小酒吧。一进酒吧，准昊二话不说便一口气喝掉一瓶烧酒，然后才开始他俩的谈话。

"我可以和慧实交往吗？"准昊舌头开始打转，话音有些含糊不清。

或许有人会想，这种事情为什么要让京姬点头呢？有这个必要吗？然而，在愿为朋友两肋插刀的京姬看来，这种提问恰恰正是她与准昊友谊的印证，心里暖暖的。

"说句实在话，我觉得你跟慧实好像不是很合适。要不你们先不要有太过亲密的肢体接触，多见几次面之后再做决定吧。"京姬有些小心翼翼却又掏心掏肺地提出了建议。

在京姬看来，准昊无论做什么事情都有条不紊、一丝不苟，是个慎而思之，勤而行之的人；而慧实正好相反，是一个丢三落四、大而化之的人。他们俩在一起就如同水与火的相遇一般。虽然京姬目前还判断不出这到底是水把火灭了，还是火把水烤干了，但可以肯定的是，他们俩在一起不太适合。

京姬话音刚落，一股尴尬的气氛瞬间弥漫开来。

"难道你们已经……"这一次，京姬说话更加谨慎了。

没错！准昊与慧实已经约会了七次，牵过手、拥过抱，接吻前一阶段的所有恋爱课程他们俩已经拿到了正式的结业证书，而且也在交往这个问题上达成了口头上的协议。

都已经决定开始交往了，那还问什么问呀？京姬迅速调整思路，一个是我最铁的哥们，一个是我最喜欢的学妹，手心是肉，手背也是肉，我还能说什么呢？于是，便用一种异于之前的口吻对准昊说："所谓同极相斥，异极相吸嘛！说不定你们俩一个东一个西，一个水一个火的，还真就能走在一起了呢！"

微醉的京姬爽快地结了账，作为庆祝准昊与慧实交往的礼物，"好好相处，我的朋友！"

第二天，京姬在中文考试结束的时候，交上去了一张苍白无力的答题卷，并得到了 F 学分。

这是京姬以友谊之名得到的平生第一把手枪。

"学姐，有时间吗？我想跟你聊聊。"中文考试交白卷的冲击余波还未完全散去，慧实的一通电话就把正在家里面壁思过的京姬拉到了学校附近的路边小摊。不知遇到了什么让人心烦的事情，慧实刚一坐下便频频举杯。

"听说你们俩正在交往。真是心有灵犀不点也能通，连做的事情都是一样的。你们俩这是爱情吗？"京姬一边给慧实的杯子满上酒，一边开玩笑。

一听京姬这样讲，慧实立刻两眼泪汪汪地望着京姬，说道："学姐，其实不是这样的。"

最见不得别人流眼泪的京姬一看这架势，关切地问道："怎么了？发生什么事了？怎么就哭了呢？"

慧实还未开口，眼泪已经从眼中"啪嗒啪嗒"地滴了出来，顺着脸颊一直往下流。

"昨晚我们接吻了。"许久，慧实才开口。

一个驴唇不对马嘴的回答！

京姬顿时有些慌了神："哦，你们接吻了，那又怎样呢？为什么你……"

"其实，我感觉一点都不好，哎……"

就在这个时候，妈妈的电话如催命符一样，一个接一个一直响个不停，京姬费力地把注意力全部集中在谈话上，而不去管妈妈的电话，一边还暗暗地心里跟妈妈道歉："妈妈，我一会儿再接你的电话吧，现在我最喜欢的学妹正在我面前哭呢。"

"学姐，其他的都很好。准昊哥对我真的特别好，很温柔体贴还很细心，牵手拥抱的时候，我真的感觉好极了。可是真的很奇怪，一到接吻，我就一点感觉都没有了，甚至还很不喜欢。"慧实一边说还一边擦着眼泪。

其实，别说接吻了，就连最基本的牵手、拥抱这种恋爱初级课程，京姬也已经三年多没有接触到了。所以，对于慧实所说的那种"其他的都很好，一到接吻就没感觉了"的说法感到匪夷所思，实在是再如何绞尽脑汁也是理解不了的。但碍于目前作为知心姐姐的身份，京姬还是决定与慧实一同面对这一"严峻的事态"。

"学姐，你说能跟一个自己都不想和他接吻的男人谈恋爱吗？"

京姬心想："孩子啊，我根本就没经历过这样的事情，你让我怎么回答呢？不过我个人倒是觉得这应该是个让人感到心痛的现实。"虽然没有正面回答慧实的问题，但京姬为了安慰慧实，决定提升酒的等级，带她离开这个档次显得有点低的路边小摊，于是豪爽地说了句："走，我们到别的地方喝酒去，我请你。"

京姬拉着脸上泪痕未干的慧实来到了酒吧，咬咬牙点了一瓶自己平日做梦也不敢想的洋酒。

妈妈不停地打电话找一接到慧实的 SOS 电话便如同离家出走的孩子一样消失得无影无踪的京姬，而京姬却一直不接听电话，最后妈妈也懒得再打了，电话终于消停了。京姬这时特别希望妈妈早点上床睡觉，不要再来打扰她与慧实的谈话。

已经醉醺醺的慧实一看到侍应端上来的洋酒，忽然一下子清醒了过来，问道"学姐，这么贵的酒……没关系吗？"

"当然有关系啦！换成是你，你会不会觉得没关系呢？"虽然心里这么想，但京姬还是豪爽地付了账。

第二天，京姬一起床就哭着喊着说胃难受，妈妈煮了一大锅咖喱来犒劳京姬那经历酒精洗礼的胃。那天晚上的账单上清清楚楚地显示着酒吧里所有的消费，豆大的数字隐隐地刺痛着京姬的心。

很久一段时间，准昊与慧实在京姬的生活中消失了，没有任何音讯。

"这两个家伙看来真的是分手了",京姬独自猜测着,一边还充满爱心地想:"以后我得分别请他们俩出来喝酒解闷,不经历风雨又怎能见阳光,人就是在这样一次次的磕磕碰碰中长大的。"就连安慰的话语也都事先准备好了。

出去喝一杯吧!

有一天,准昊出其不意地给京姬来了一个电话。

其实,第二天下午一点钟,京姬约了人在清潭洞相亲。可一接到准昊的电话,一股莫名的哀伤紧紧地包围住了京姬,使得她无法开口拒绝准昊的请求。"我哥们因为接吻而失恋了,而我却还在这里自私地想着明天下午的相亲? 这算什么哥们呀? 对不起了,哥们!"

这次相亲是姨妈早在几个月前就开始费尽工夫张罗的了,对方的条件非常优越,这对于京姬来说无疑是久旱之后的一场甘霖。然而,面对友谊与爱情的选择,京姬的天平果断地偏向了友谊一边。

"啊! 真没想到恋爱是如此的美好!"准昊痛快地喝下一杯烧酒。

这样的开场白有些出乎京姬的意料之外。

这也许就是电影或者电视剧里面所谓的"反转"吧?!
那是不是就意味慧实那天提到的问题已经解决了?

"你们……的进展一切都还顺利吗?"为了掌握最新的状况,不至于像上次那样说错话,京姬谨慎地发问。

"当然! 不久前我们还接吻了呢!"

"然后呢？"

"当然是妙不可言啦！这还用说吗？"

京姬一听，心里开始寻思"原来面对同样一种情况，男人和女人的说法竟然能够如此的天差地别。"

"准昊啊！那会不会是你一厢情愿的想法呢？你觉得妙不可言，但说不定慧实并不是这样想的呢？能够考虑和照顾到对方的感受，那才是真正的……"

京姬还没有讲完，准昊便打断她的话，斩钉截铁地说道："真的感觉很好！"

京姬有些愣住了，她没想到准昊会如此的强硬。

准昊乘胜追击，接着说："这种事情，是你清楚还是我清楚？"

京姬见状连忙给准昊的酒杯里倒满了酒，说道："是是是，你们觉得好，那就行了。"

接连不断三四杯酒下肚的准昊，似乎是消了气，咧着嘴朝京姬笑了笑。忽然，京姬感觉到一阵奇怪的歉意从头顶上压了下来，沉甸甸的，让人有些喘不过气，于是她径直走向了收银台把酒钱付了，然后一边爽朗地笑着一边说道："好好对她，就像现在这样！"

第二天，睡过了头的京姬上气不接下气地赶到约会地点。对方一表人才、谈吐得体，而坐在对面的京姬却与之有着天壤之别，前一天晚上的豪饮不仅使得皮肤干燥，脸上也无法上妆，还让她口渴得不得不一杯接一杯地灌水。那个男人有些不可思议地望着面前这个来相亲的女人。最后他让姨妈转达了"人看起来很不错，但似乎跟我不是很合适"的回复，委婉地拒绝了京姬。

姨妈气不打一处来，妈妈好不容易才劝住了想要大发雷霆的

姨妈。自此,这种相亲的机会彻底地跟京姬永别了。

大概在六个月前。

半夜十二点的时候,京姬忽然接到慧实声泪俱下的电话。

"学姐,你说是爱情重要还是酒重要?口口声声说爱我,可怎么还能够这样子每天喝酒喝到大半夜的?刚开始还接我的电话,可是到凌晨的时候,就连电话都不接了。然后我就那么说了他两句,结果他竟然冲我大吼大叫,说什么要我原谅他……这是一个恳请原谅的人应该有的态度吗?"说着说着慧实竟然呜咽了起来,"如果真的是爱我的话,是不是至少应该先跟我道个歉,然后再抱一抱我呀?"

依旧睡意蒙眬的京姬心里暗暗说了句"开什么玩笑",但还是安慰着慧实:"哎哟哎哟!他竟然抱也不抱你一下,还对你大吼大叫?真是个大坏蛋!把他忘了,天涯何处无芳草啊!"

就这样,两个小时内,京姬和慧实喝掉了三瓶葡萄酒。

那天在选择喝哪种酒的时候,京姬为了给慧实的初恋做一个优雅的告别,毫不犹豫地选择了葡萄酒,然而这一考虑让京姬付出了二十万韩币的代价。最后京姬还塞给已经喝得酩酊大醉的慧实两万韩币作为回家的车费。

然后京姬又马不停蹄地飞奔到了准昊正在喝酒的日本酒馆。只见准昊面前摆着的是那家酒馆最贵的下酒菜,准昊不断往嘴里灌的是比韩国烧酒要贵上三四倍的日本清酒,旁边还有两个空的清酒瓶懒散地躺在桌上。

"哎!……男人嘛……喝酒?喝点酒不也是正常的吗?因为这点小事就要跟我分手?还口口声声说爱我,说是为了我好!那是爱吗?那能算是爱吗?"准昊一看到京姬便大吐苦水。

京姬丈二和尚摸不着头脑，即便是这样，那也用不着对我发火呀？但是看在多年铁哥们情谊的份上，京姬还是默默地照单全收。

最后京姬不仅帮已经醉得不省人事的准昊结了账，还把他送上出租车，并帮他预付了车费。

第二天早上，正在洗漱的京姬感觉一阵温热从鼻孔中喷涌而出，啊！这就是传说中的流鼻血！

望着手中"热辣滚烫"的婚礼请柬，京姬不禁叹了一口气。

两人要结婚，自己也不能说什么……

就在京姬流鼻血的第二天，准昊信誓旦旦地说"即便是这样，我还是很爱慧实"，并向慧实求了婚，而慧实也满心欢喜、毫不犹豫地答应了他，两人眼中噙着深情的泪水紧紧地拥抱在一起，发誓这一辈子定要执子之手，与子偕老……

京姬一想到为了开解这两个人而倒赔进去的睡觉时间和酒水钱，泪水顿时模糊了双眼。

先顾好自己再说吧，亲切的金子小姐①！
早知道就应该在好言相劝的时候接受建议了。

---

①《亲切的金子小姐》系朴赞郁导演"复仇三部曲"的最后一部复仇剧，前两部分别为《我要复仇》和《老男孩》。这是一部混合着时髦视觉、超现实主义幻想以及骇人听闻的暴力，且又令人不安的电影。金子(李英爱饰)拥有美丽的外貌，却在20岁花样年华的时候，因犯罪而被捕入狱。在监狱里，金子因热心帮助狱友，还得到了"亲切的金子小姐"的昵称。终于度过了13年的牢狱生活，当年的美丽少女，已变成了现在性感的成熟女人。出狱后，金子立即展开一连串精密的报复计划，而她要报复的人是当年让她成为罪犯的白老师(崔岷植饰)。那些在狱中，曾受到金子帮助的人们，也一一协助金子展开她的各项报复行动，她们组成了一股庞大的复仇大军。

附笔(Postscript)

仔细算了一笔账,京姬在开解准昊和慧实、帮他们做恋爱咨询的时候,花掉的酒水钱不止一千万韩币(虽然真的难以置信,但这确实是事实。),放弃的睡眠时间约为600小时。

当然,由此对身体造成的伤害更是无法用金钱来衡量的。

这些代价换来了一对新人的幸福,这也许就是仅存的一丁点意义了吧?!

现在也许还有很多"京姬"正在为别人提供恋爱咨询,正在为了别人的幸福而日夜奔波;这些"京姬"是那些情侣们在伤心困惑的时候便第一个想起的人。即便"京姬"们废寝忘食、不辞劳苦地开解身边的情侣朋友,第二天,这些情侣们所做出的决定却往往与"京姬"们绞尽脑汁的忠告南辕北辙。

为了情侣们的福祉而选择自我牺牲的"京姬"们,最后得到的是每次都让人触目惊心的账单和每况愈下的身体。

情侣们! 是时候清醒一下了!

喜欢，但不爱
——沉醉于爱的幻想之中而错失真爱

学校的运动场真适合打篮球,准赫常常与朋友相约在晚上打篮球,一打就是好几个小时。

那一天,准赫也跟往常一样打完球准备回家,大汗淋漓的他总是习惯性地想到系自习室里走一圈,即便那里深夜经常是大门紧锁。

昏暗的系自习室里,秀静独自一人趴在桌上,埋头准备第二天的考试。又不是在图书馆,夜深人静地,自己一人在系自习室复习功课……不禁让准赫感到眼前一亮。于是,他开口说道:

"等你考完试,我请你出去喝杯酒吧。"

就在秀静考试结束的第二天,两人一起出去喝了酒。

他们点了啤酒,下酒菜是脆香酥嫩的炸猪排。两人天南地北、古今中外聊得好不投缘,无意之间看了一下手表,这才惊讶地发现"时间已经不早了",而与此同时,两人意识到桌上已经摆放的空啤酒瓶也出乎意料的多。

那天以后,准赫和秀静成了无所不谈的亲密好友。学生会馆前常常能看到他们相约喝咖啡的身影,考试之前总不忘为对方复

印专业必修课的笔记，准赫参加的同学聚会上总能见到秀静，学校门口小吃店里一起分享拉面和紫菜包饭的场面也时不时出现在大家的眼前，家在方背洞的准赫总借口方向相同每次都执意送住在蚕院洞的秀静回家，这些看似特别又似平常的事情日复一日地发生着。

直到一天，两人漫步在回家的路上，昏暗的灯光下，一阵沉默后，秀静问准赫："准赫哥，我可以挽着你的手臂吗？"

那一瞬间，准赫忽然发现秀静那双秋水无尘的杏子眼伏在弯弯的柳叶眉下，透着昏暗的街灯深情地望着自己，犹如水泉映月一般，眼神中透露出一丝的坚定，又隐含着些许的羞涩。

或许是因为这是准赫第一次听到这样的请求，或许是因为街灯下秀静那双乌亮的双眸，又或许是当时的气氛使然，从那以后，准赫与秀静便成为了众人眼中"挽着手臂""出双入对"的学长和学妹。

每一次与秀静外出回来，准赫总会静静地思考自己与她之间的关系。

我爱上秀静了吗？
然而，答案往往是否定的——No！

因为，长久以来，准赫内心深处住着另外一个人，从四年前准赫到系自习室领取大学录取通知书时第一次见到她的那一刻开始，那个人就一直没有离开过。

就在那个地方，她在那里！

白净的脸庞上一双黑亮的眼睛荡漾着微波，纤细的手指拨弄着吉他，独自低吟浅唱，一头乌黑秀丽的直发如同瀑布一般倾泻在肩上，随着吉他的节奏轻柔地摇曳着。就在那一刹那，准赫觉得整个世界出奇的安谧，周边的一切如同笼罩在一片迷雾之中，唯有她仿佛晨曦中的第一缕阳光，穿透浓雾，耀眼迷人却又让人感觉舒心温暖。

原来这就是所谓的一见钟情，准赫终于明白了。

准赫出神地望着眼前的这番美景，好不容易才回过神来，这时他发现有一种奇妙的感觉向他袭来，心莫名地痛了起来。这就是所谓的爱情，准赫有生以来第一次感受到了爱情的存在，感受到了悸动带来的心痛。

在开学典礼举行后，准赫得知她的名字叫做幼熙，是同专业的学姐，同时也得知就在开学典礼的前一天她只身到巴黎留学。准赫又一次感觉到心里一阵隐痛。

啊！原来这里会疼！

爱情就是这种感觉！

于是，准赫给爱情下了一个定义：爱情是让你的心隐隐作痛的东西。

准赫无法和秀静谈恋爱的原因清晰明了了。

幼熙学姐那一句"是新生吧？"令人魂牵梦绕。她的声音如钢琴的高雅，吉他的清脆，二胡的缠绵，长笛的清远；而秀静的声音却似大提琴一样，虽然舒缓但比较低沉。不仅如此，秀静还五音不全，甚至连吉他弦都没摸过。

幼熙学姐长发飘飘，而秀静却留着齐耳短发，永远像个长不大的孩子。

幼熙学姐手如柔荑肤如凝脂；而秀静的手指却略显粗大。

秀静根本就和幼熙学姐不一样。

虽然跟秀静在一起的时候准赫总有一种轻松愉悦的感觉,时间也总在不知不觉之间流逝,但是却少了那种能让他的心隐隐作痛的悸动。

那一天,是秀静的生日。

准赫与秀静肩并肩坐在汉江边上,静静地望着江水缓缓地流向远方。

秀静打破了这种沉默:"准赫哥,你也应该知道的吧,其实我喜欢你已经很长时间了。"

准赫一听,心"咯噔"了一下。

秀静眼睛望着远方,接着说:"可是,我有些东西想不明白,对于准赫哥来说,我到底算是什么?"

"这个……"准赫有些无所适从,虽然知道自己迟早会面对这个问题,却又没想到这么快就必须做出正面回答,也不知道该怎么回答。

正在他犹豫之间,秀静自顾自往下说,似乎想一吐为快:"自从那天准赫哥同意让我挽着胳膊走路以后,一开始我以为我们在交往了。可是后来我发现,这只是我自己一厢情愿的想法而已。我现在有点搞不明白,对于准赫哥来说,我到底算什么? 是女朋友,是学妹,还是关系很好的妹妹呢……"

听着秀静有些哀怨的诉说,一种奇怪的感觉紧紧地把准赫包围着,让他感觉到有点难以动弹,呼吸有点困难。

秀静似乎没有觉察准赫心情的微妙变化,"所以,我自己想了很长一段时间,可以确定的是,我很喜欢准赫哥你,而且已经这么长时间了，我真不想再拐弯抹角了。我觉得我们应该开诚布公地把这件事情谈清楚了。请告诉我，准赫哥你需要的是什么？如果你需要一个女朋友，我愿意当你的女朋友；如果你需要的是一个可以谈天说地甚至是倾诉心事的妹妹，我也愿意当；又或者你需要的仅仅是一个学妹，那么我也会摆正自己的位置，知道自己应该怎么做。我喜欢你，所以我觉得按照你愿意的方式来处理我们之间的关系，这样才是真正的喜欢。"

稍微迟疑了片刻之后，准赫有些艰难地开了口："我……可以直说吗？"

秀静似乎能够猜到准赫会带给她一个怎样的答复，沉默了许久，抿住双唇，用力地点了点头。

其实我也很喜欢你，但那不是爱！

虽然准赫并不确定如此坦率会带给秀静多大的伤害，但是刚刚的这个回答却如实地反映了他内心的真实想法。自己确实是喜欢跟秀静在一起，确切地说，应该是喜欢秀静的，挽着手臂走在街上的时候甚至还会有些难以按捺的激动，每一次跟秀静在一起的时候，总有说不完的话、谈不完的笑，每次都感觉意犹未尽。但同时，准赫可以确定的是，自己爱的不是秀静，因为跟她在一起从未体会到心隐隐作痛的感觉，这不符合自己给爱情下的定义。

所以，准赫无法跟秀静交往。

在夜幕笼罩中，四周安静得像时间停滞了一般，秀静仿佛都能听见自己的心跳，过了许久，终于轻轻地说了声："我明白了，准赫哥。我们永远是最要好的学长学妹。"

就这样，准赫目送着黯然神伤的秀静一步步地远离自己。

一晃几年过去了。

准赫参军了，又退役了，回到学校复读。准赫对前途感到一片迷茫，不知道是应该选择就业，还是选择继续升学，亦或是推迟毕业。

准赫从朋友口中得知，秀静毕业后在一家大型外资金融公司工作。

还有……幼熙学姐已经学成归来了。

毕业生返校日的时候，幼熙学姐光彩照人地出现在大家面前。

这时，有人走过来向准赫介绍幼熙学姐，"准赫，打个招呼，这是崔幼熙学姐，我们专业毕业的。刚从法国留学回来，这学期过来给我们讲课。"

幼熙已经记不清准赫是谁了，应该说幼熙根本对准赫就毫无印象。

"很高兴认识你。"说着，幼熙伸出手和准赫握手。她的声音依旧婉转柔和，动作仍然娴雅高贵，纤细白皙的双手也没有因为岁月而有丝毫的改变。

那个多年来魂牵梦绕的幼熙学姐终于站在自己的面前，可握着幼熙学姐的手，准赫却没有多年来想象中的那样心潮澎湃，甚至连激动都谈不上，取而代之的是一种出乎意料的平静。

"幼熙，听说你结婚了？"有人过来，拍了拍幼熙学姐的肩膀，问道。

准赫望着幼熙，心想："男人们怎么可能错过如此才貌双全的女人？"他平静得就像听到邻里街坊某某人的女儿结婚的消息一般，只是在在心里默默地祝福她。

"准赫哥！"

准赫循声回头，顿感一道光芒闪过，如同阳光透过淡薄的云层照耀在苍茫的大地，反射出淡淡的耀眼的白光。

齐耳的短发在随风飘逸。

是秀静！

一身雪白的连衣裙，脚上穿着一双淡绿色的高跟鞋，手挽着一个淡绿色的手提包。

"没错，秀静喜欢淡绿色，穿淡绿色的衣服也很好看，以前……"一个青春靓丽的淡绿色背影从准赫脑海中一闪而过。

秀静见到准赫，脸上露出了如春天里盛开的鲜花一般的纯真笑容。

"秀静是个爱笑的女孩，笑的时候很漂亮很可爱……"准赫耳边响起了旧日秀静银铃般的笑声。

秀静告诉准赫，公司出资让员工出国进修，来学校是为了请指导教授帮忙写推荐信的。秀静说着脸上露出了自信、开朗的光彩。

"好久没见了，准赫哥过得好吧？"

听到"准赫哥"这个词从秀静口中说出，准赫突然发现自己的心怦怦直跳。难道是太久没见的缘故吗？准赫迅速地在头脑中搜索着答案。

"嗯！你看起来好像过得蛮不错的嘛。"

"是吗？我过得还不错。哦！对了，准赫哥，你是今年毕业吧？"

"嗯，不过如果今年毕业前找不到工作的话，我可能会申请延期毕业，或者报考研究生。"

"准赫哥肯定行的，你无论做什么都能做得很好的呀！"

"对啊，以前无论我做什么，秀静总会在身边支持、鼓励我。"秀静的鼓励让准赫又一次在心里回味起他们俩在一起的那段日子。

"谢谢你，秀静！不过话说回来，我们以后有段时间见不了面了吧？"

"说的就是啊！我出国之前，要是准赫哥时间允许的话我们多见几次吧。"

"好……好的。你自己保重啊！"

"好的，准赫哥也保重哦！"秀静笑着挥了挥手，朝着教学楼的方向走去。

"我喜欢你，但那不是爱。"——准赫就是用这句话拒绝了秀静。

秀静的背影逐渐远去，准赫的心开始隐隐作痛。

准赫心里掠过一丝惊慌，难道这就是爱？

附笔(Postscript)

那么，现在的准赫是不是已经错过了真爱呢？

那个曾经被理所当然地断定为不是爱情的爱情。

是不是因为自己固执己见的定义而埋葬了刚初生的爱情呢？

准赫多么希望在爱情来临之前，能有人这样告诉他：爱情是一种感觉而不需要理由，爱情不是一见钟情，而是日久生情，爱情不是对方给予的，而是自己切身体会的。

为什么为什么为什么来我家？
——隐藏真实面目装葱卖蒜

已经第五天了。

琇玹连动都懒得动一下，彻底成了手指一族。她下载了一部十六集的电视连续剧，一口气看了三集，所有频道上直播、转播的综艺节目一个不落地被全部涉猎完毕。

这所有的事情都是躺在床上，仅靠一根手指便能完成了的。笔记本电脑和手机技术的发达，使得足不出户、甚至是躺在床上也能够处理的事情有了质和量的飞跃。如果再继续这样下去，恐怕感冒不是罪魁祸首，懒惰生锈才是琇玹致死的原因。而且即便是死后灵魂脱壳，估计她的那根手指头依旧能习惯性地按着键盘或手机按键。

妈妈想来照顾琇玹，却遭到琇玹的极力反对。

为什么呢？因为麻烦、复杂。

又不是什么不治之症，自己一人懒懒散散地在家休息更舒服。旁边有个人晃来晃去，即使是自己的妈妈，也觉得心烦。（老妈，对不起啦！）

从星期一到星期三，一共请了三天的病假，明天不管怎样都得去上班了吧？要换成是去年，金科长早就在电话那头大吼大

43

叫，威胁要炒她鱿鱼了，今年真是托了甲型 H1N1 流感的福了，也落得了个耳根清净！

感觉浑身轻松了好多，头也不像前两天那样昏昏沉沉的了，应该是休息得差不多了吧！

睡眼惺忪的琇玹从床上坐了起来，伸了伸懒腰，活动了一下多日未动的筋骨，环顾了一下杂乱不堪的四周。

小小的单人套间内一片狼藉，没有一寸净土——内衣、羊毛衫、外套、袜子、围巾、手套如杂拼的地毯一样铺满了整个房间的地板；垃圾桶里塞满了乱七八糟的东西而且还横躺在地上；床边散落着几个黑色的小垃圾袋，里面装着在床上吃完速食食品后剩下的包装和水果皮。这场面真可谓是"蔚为壮观"，很难让人想象到这是一个女生的房间。

然而，这却是琇玹长久以来未曾享受到的自由。

也许，所谓的自由，就是一朵在垃圾堆中怒放的鲜花。

"偶尔这样生一下小病其实也很不错！这也是一种另类的享受嘛！"琇玹刚伸了一个懒腰，就咳了几声，头还有点晕乎乎的，心想"看来我还没有痊愈"。

就在这个时候，电话铃鬼魅般响起，琇玹的心忽然扑通扑通直跳，一种突如其来的不祥预感让她的心像是忽然被揪起来一样。

"是金科长吗？还是朋友呢？"琇玹一边自言自语一边掀开手机翻盖，原来是奕。奕是琇玹交往了三个月的男朋友。三个月，应该是爱情含苞待放、暗香浮动的时候。

琇玹故意有气无力地接起电话，装出一副气若游丝的样子，为的就是想在男朋友面前表现出一副楚楚可怜的性感。"喂……

喂,你好!"

"还很不舒服吗?"奕透出了一丝忧虑。

"哎哟,看来还蛮担心我的嘛!"暗自窃喜的琇玹一听到奕的声音,顿时感觉自己像是病入膏肓了一般,于是对着电话撒起了娇,"还行吧,熬得过去。不过我一生病,就想起了你,满脑子想的都是你。"

"嗯!你稍微等等,我马上就要到了。"奕温柔地说道。

什么?!琇玹一时怀疑自己的耳朵出了问题,"亲爱的,你不是不知道我家住哪儿吗?"琇玹脑子一片空白,拼命想回忆起到底是哪一次谈话自己露出了什么蛛丝马迹能让奕知道自己的住所。

"亲爱的,你忘了?上次你自己不是跟我说过,你住在三五商住两用楼的吗?你先休息一下,我到楼下的时候再给你打电话。"

这小子记忆力怎么这么好?

蓬头垢脸的琇玹条件反射一般地抓起随手丢在床边的小镜子——已经三四天没有洗漱的她,脸像是个祖传的大油锅,鼻子四周更是油光锃亮,在床头灯下偶尔还能反射出一点光线来;头上像顶着一个鸡窝一样;五天里只刷过三四次牙,嘴里发苦,一开口还能散发出一股混合臭味。身上穿着一件领口已经耷拉到胸口而且洗得发白的旧 T 恤,搭配着一条本已经放在洗衣机里准备洗却又被重新翻出来的脏得已经分辨不清到底是什么颜色的运动裤……

他们的爱情忽然面临着迄今为止最大的危机。

奕确实是一个很优秀、单纯的男人。就像是那种见到自己暗恋的女老师从卫生间走出来都会放声大哭的类型。

琇玹还清晰地记得当时与奕的第一次邂逅。

那一天，可能是因为几个月以来接连不断聚会喝酒的缘故，琇玹蓬松的"粟米卷"老老实实地耷拉成了直发；那一天，为了转变心情，琇玹一改往日低胸性感小短裙的装扮，换上了高贵典雅的白色雪纺连衣裙；那一天，琇玹手拽着本朋友硬塞给自己看的村上春树的《挪威的森林》。就在这样的一个日子里，琇玹与奕偶遇了。

一向号称书是世上最有效的安眠药的琇玹粗略地翻了翻那本村上春树的《挪威的森林》，像是完成了任务一样准备把书归还给朋友。这时，在街的拐角处，"啪"的一声，撞到了奕，书从手里掉了下来。奕吓了一跳，连忙蹲下身子想要捡起书。然后，一切就像电影里的故事情节一样，两人的手指无意间相碰，又都惊慌地缩了回来，接着四目相对，周围的一切都变得模糊，唯有眼前人是那么的耀眼迷人。传说中的一见钟情就这么发生了。

直到现在，只要一喝醉酒，奕就会跟琇玹说那天的相遇，说那是多年以来自己所梦寐以求的邂逅，一切都发生得那么的真实，却又那么的梦幻。

飘逸的长发，雪白的连衣裙，村上春树的《挪威的森林》，当然，还有，指尖那种触电的感觉。

"难道你没有闻到我身上香烟的味道吗？"话到了嘴边又被生生地咽了下去，因为琇玹不忍心看到奕那双如梦似真的纯洁双眸蒙上一层失望的烟雾，再说了，自己此刻也非常享受偶尔变成纯情漫画里面天真无瑕的主人公的那种感觉。

奕凭着感觉毫无目的地喜欢着琇玹，而琇玹却将自己全部的人力资源进行了总动员，调查了奕的背景。

其结果呢？

奕是名牌大学医学院毕业的，同时还是富家子弟。他具有谦逊的性格和俊朗的外表。

真是不可多得的抢手货。

从那一天起，琇玹每天为了满足奕对自己、对爱情的幻想而开始孤军奋战，并且乐此不疲。琇玹忍住了平常与朋友在一起时总挂在嘴边的脏话；把每天如白开水一样往肚里灌的烧酒换成了水晶杯中的葡萄酒；长久以来酷爱的蓬松粟米头拉直成清汤挂面；不顾朋友们的劝阻，远离了看起来有些粗犷的宽松裤裙，改穿上了端庄文雅的紧身直筒长裙——整个人来了一个180度的转变。

琇玹用一种羡慕的眼神看着咖啡馆内吐着烟圈的女人们——看着那一根根雪白的香烟在纤细的指端之间燃烧，然后被缓缓送入唇间，吞吐间一团团薄烟从浓郁化作轻袅，淡淡的烟草味弥漫开来，烟一点点地化为灰烬，那些女人们似乎在把玩着艺术品一般，优雅、娴熟地将燃烧后的灰烬抖落在烟灰缸中。

而这时，身边的奕却非常真挚地吐露了自己的心声："我特别讨厌抽烟的女人！"

"啊……你这小子！其他的东西该忍的我都忍了，该换的我也都换了，难道你连我仅存的这么一丁点吸烟的乐趣也要一起剥夺掉吗？还是留下这点自由给我吧！"琇玹在心里呐喊着，然而这也就仅仅是在心里呐喊而已。

难道……你真的是传说中那坠入凡间的天使吗？

喝下两杯葡萄酒便有些晕头转向的奕轻轻地捧起琇玹的脸，深情地凝望着，温柔地说出了这句话。琇玹顿感欣慰，自知这段时间以来自己的努力、隐忍和改变都是值得的，而且已经得到了心满意足的回报。

琇玹借口不能太晚回家，送走奕后，便急匆匆地赶往朋友们聚会的酒吧，抛开假面具尽情狂欢，与朋友们酣畅淋漓地大口喝起了烧酒。这时她还不忘给奕发去了一条短信"有你的爱陪伴，今晚一个人我也不孤单寂寞。"

朋友们以友情的名义原谅了一边叼着香烟一边口是心非发着短信的琇玹。

可问题却发生在第二天的约会地点——电影院内。

昨晚通宵的畅饮让琇玹的肚子就像煮沸了的水一样不断地翻滚着。

琇玹多么希望可以像昨晚喝酒那样痛痛快快、舒舒服服地放个屁，可是在眼前晃来晃去的这部电影却是一部纯粹的爱情片，一切都在静谧中发生发展。（就算忽略声音不管，要是放屁发出来的臭味，那可是怎么都掩盖不住的呀！）于是琇玹憋得满头大汗，强忍着这个常人难以掌控的生理反应。

电影刚到高潮部分，心迟眼钝的奕便紧紧地握住了琇玹的手，趴在她的耳边窃窃私语："琇玹，不要太紧张了。不过你紧张的样子真的好可爱。"

"啊……别太用力抓我的手！我都快忍不住了！"琇玹在心里痛苦地号叫着。

48

电影刚一结束，琇玹便以百米冲刺的速度转战卫生间，当她如愿以偿地痛快放屁的那个瞬间，她确信自己的人生也理应如此的痛快、舒服！

"大概还有十五分钟我就能到你家楼下了。"奕连时间都已经计算好了，"亲爱的，你躺在床上什么都不用做，我过去给你煮粥喝。然后我会用浸过冰水的毛巾拧干后帮你降温，今晚我留下来陪你。"

琇玹一时语塞。虽说这房间也就巴掌大点，可从门口要走到床边，可绝非易事。说不定走到一半就踩到"地雷"，或者染上破伤风被医院的救护车接走了呢！再说了，要给我煮粥，那先得找到煮粥的锅才行，要找到煮粥的锅，那就得先把发了霉的洗碗池清洗干净了才行。

"我现在在等信号灯，红色的信号灯妨碍了我们的见面。"

听到奕那么爽朗的声音、深情的表达，琇玹发自内心地悲号着。

要不跟奕坦白一切吧?!
奕是个喜欢白色的男人。
奕是个欣赏诗歌和音乐，懂得浪漫的男人。

如果琇玹告诉奕自己是不食人间烟火的仙女，奕也是会相信的。

也许奕一直认为自从去年圣诞节之后，琇玹就再也没有上过卫生间。

怎么可以让这么纯真的一个人失望呢?

琇玹的头脑飞速转动着，瞬时间想出了 374 个可以阻止奕到

来的借口，现在正在考虑到底应该启动哪个应急机制。

这时，耳边再次传来奕富有磁性而又温柔的声音："亲爱的，我自己下厨给你煮了鲍鱼粥。今天我一大早就跑到水产市场。啊！对了，我还给你买了好多其他的海鲜，而且都帮你洗好切好了，可以放在冰箱里慢慢吃。今天中午我为了给你熬粥，还骗医院的同事说我要出诊呢，然后我就飞奔回家。我以前真的从来都没说过这样的谎话的……啊！中午切鲍鱼的时候，手不小心被划伤了，可我一点都没有觉察到，一点都没感觉疼，只是后来发现流血了，才知道自己受伤了。原来爱情的力量真的是这么伟大！对了对了，亲爱的，上次我们去一起大邱的时候，你不是觉得那里的薄扁饺子很好吃吗？我前天跟我一个大邱的朋友说了，托他买了之后快递过来的。哦，我还给你买了新鲜的水果，而且已经洗干净了，感冒要多吃些水果。还有还有，我还给你带了游戏机、DVD。对了，你喜欢看小说吧？我也买了几本小说。"奕喋喋不休地说着。

忽然间，琇玹觉得奕温柔体贴的话语变得异常恐怖。

奕丝毫没有感受到琇玹的恐惧，继续沉醉在自己爱的世界里。"其实，后来我想了想，我好像很期待这样一个时刻的到来，我说的是可以为自己心爱的人做点什么的这个时刻。说不定我的潜意识里一直在祈祷让你生病呢。好想你，真的好想你！这么多天没见到你，我觉得自己都快疯了。如果你现在跟我说'别来看我'，我想我会悲伤得一头扎进汉江里寻死去。"

"对了！琇玹，你家的房间号是多少？"

这个时候，琇玹才彻底醒悟过来，自己是绝对无法拒绝奕的到来的。"哦……啊……1214 号。"

骰子向自己掷了过来。

现在已经没有时间梳妆打扮了。于是，琇玹跑到洗碗池前接了一点水抹在了油亮的、乱如鸟窝的头发上；洗脸那一步就省略了，直接拿起粉底就往油光锃亮的脸上抹了抹；擦完粉底顺手拿起一支唇膏，后来一想，又不是拍什么电视剧，一个病患者还涂什么唇膏呀。简单处理完外貌问题，琇玹接下来的一步就是整理房间。她把散落在房间各个角落的衣服捡起来塞进衣橱里，跪在地上把所有的垃圾都扫进垃圾桶后把垃圾桶塞到了床底下。

就在这个时候！

叮咚——门铃响了！

"Oh！ My God！"琇玹不小心一脚踢翻了放在床边的烟灰缸。她赶紧用脚趾夹来一块抹布粗略地把散落的烟头和烟灰擦了擦。

呼哧呼哧……

琇玹来到玄关，闭上眼睛，深深地吸了一口气，伸手打开了门。

"亲爱的，你怎么流了这么多汗？是不是身体很难受啊？"奕忧心忡忡地问道。

"啊……没有没有。"琇玹心很痛，但还是挤出了一丝笑容。

"我，这还是我第一次进女生的房间。你的房间果真就跟我想象中的一样干净整洁……"话还没说完，奕脸上的表情变得有些疑惑，"但是……那……那是什么？"

随着奕的视线望过去，忍无可忍的衣橱像在提出抗议一般，门"嘎吱"一声被塞在里面的东西挤开了，一个饼干盒掉在了地上。啊……刚才匆忙之间把垃圾连同衣服一起塞了进去。

"啊……那个？我最近在做的一个关于资源回收再利用产品的设计方案，所以收集了很多各种各样的再生用品。"琇玹暗暗惊叹自己的应急能力。

"资源回收再利用产品的设计方案？哇……琇玹你好厉害！真是个有主见、有想法的女人。"奕嘴里虽然这么说，但仍是一副将信将疑的表情。

琇玹赶紧避开与奕眼神上的接触，用余光扫射了一下整个房间。床上什么都没有，洗碗池里也没有什么可疑的东西，哎哟！卫生间还没有整理。用过的卫生巾是不是包好扔掉了？

"我……去趟卫生间。"

"嗯，好的，琇玹。我去帮你把鲍鱼粥热一热。"

钻进卫生间的琇玹连忙把放在洗手台上乱七八糟的各种洗漱用品和润肤霜扫进抽屉里。

不管是什么东西，只要还有空余的地方，就往里面塞。
这就是我房间最神秘的地方。

细心的奕竟然连热粥的锅都从自己家里带了过来。

房间恢复了久违的干净整洁。静静的房间里，只有粥在锅里"咕嘟咕嘟"熬煮的声音在轻轻地回荡。一种雅静舒适的感觉抚遍全身。

"客官！小二给您上鲍鱼粥嘞！"

平时常吃的海螺粥确实不能跟连同黄澄澄的内脏也加进去一起熬煮的鲍鱼粥相提并论，二者根本就不是一个档次上的。热腾腾的鲍鱼粥，飘香四溢，对于多日以来以快餐果腹的琇玹而言，无疑是一顿饕餮大餐。

"怎么吃这么少？剩下的粥我帮你放在冰箱里，饿的时候就一点点拿出来加热吃吧。"

剩下的那点连平时一顿点心的量都不够，还让我饿的时候一点点拿出来吃，真是……

"来，吃点水果吧！啊，琇玹，饭也吃完了，你也坐得舒服点吧。"

琇玹淑女般地盘腿正襟危坐着，盘着的双腿难受得恨不得马上就揭竿起义，"那……那我就……"说着，便伸直了双腿。

"啊！好舒服啊！这才是我要的恋爱。就让我们的关系这样发展下去吧，不要太多刻意隐瞒，放松点，自由点！加油加油！"琇玹似乎瞥见了一丝曙光。

"琇……琇玹，你……你该不会有抽烟吧？"

琇玹朝着奕的视线望了过去，自己脚趾间不知什么时候夹着一个烟头，脚底板还沾着些烟灰。

忽然间，琇玹不禁吓出一身冷汗。

"这次该怎么圆场呢？难道烟头也能算是再生资源吗？也能说成是开发资源回收再利用产品设计方案时要用到的东西吗？"琇玹绞尽脑汁想要找出一个合理的借口，只可惜所有掠过脑海中的借口连三岁小孩都无法相信。

奕静静地走到洗碗池，埋头洗碗。

琇玹清清楚楚地看到奕正在用力地擦拭洗碗池边上黑色的霉斑。

那天晚上，奕发来了一条短信："我想，我们应该给彼此多留一点时间，我们还需要时间好好地了解彼此。今晚，我觉得你好像不是我所认识的琇玹。"

看完短信，琇玹点上一根烟，看着烟在纤指之间燃烧，慢慢地青烟袅袅飘起，此时的烟，是一种发泄，也是一种掩饰。

"说句实在话，现在的我也觉得很轻松、很痛快！"

附笔（Postscript）

古代名家曾说过这么一段话：

物无非彼，物无非是；自彼则不见，自知则知之。故曰：彼出于是，是亦因彼。彼是方生之说也。……是亦彼也，彼亦是也。彼亦一是非，此亦一是非，果且有彼是乎哉？果且无彼是乎哉？彼是莫得其偶，谓之道枢。枢始得其环中，以应无穷。是亦一无穷，非亦一无穷也。故曰：莫若以明。

——《庄子·内篇·齐物论》

第**2**部

爱情太过复杂
——恋爱进行时，犯下的错闯下的祸

该知道的都已经知道了，该做的也都已经做了。

每一次恋情结束的时候，总会对自己说，下一次一定要做得比这一次更好。

然而，每一次都犯相同的错误，每一次都在同一个位置止步不前。

每一次总是誓言旦旦绝不再犯相同的错误，这到底是为什么呢？

这一次也许会有所不同
——爱上坏男人

她的名字叫做顺女。

父母给她起这个名字的时候，希望她成为一个"温顺、柔和、善良"的女子。

多年后，顺女亭亭玉立，有如她的名字一样，成为了一个温顺、柔和、善良的女子。

而且，顺女终于开始谈恋爱了。

顺女的第一个男朋友是俊锡。他，清新俊逸仪表堂堂，出口成章能言善辩，还有令人无法抗拒的笑容……

总之，一句话，他真的帅得让人有种要窒息的感觉。

与俊锡的第一次邂逅，缘起于一场突如其来的大雨。没有带雨伞的顺女飞奔进附近的一家咖啡屋，点了一杯热气腾腾的热巧克力，一小口一小口慢条斯理地喝着，等待雨停。然而，天公似乎不作美，雨丝毫没有要停下来的意思。

"豁出去算了！总不能这么等下去吧?!"顺女暗暗下了决心，咬咬牙走到咖啡馆门口，脱下身上的羊毛外套，遮在头顶上，正准备来个雨中狂奔。

这时，头顶上忽然出现了一片"晴天"。顺女抬头一看，发现身旁站着一个举着雨伞、西装革履的英俊男子——俊锡。

"它说它喜欢你！"俊锡略显淘气地说道，嘴边还挂着一丝让人难以抗拒的笑容。

"什么？"顺女眼睛瞪得圆圆的，不解地望着俊锡。

"雨伞！我的雨伞说它喜欢你。"俊锡调皮地说道。

那一天，雨伞下，大雨中，俊锡果敢地拉起了顺女的手，没有一丝一毫的犹豫。

也就是在那一天，他们邂逅的那一天，在顺女家门前，俊锡吻了顺女。不是蜻蜓点水般的亲吻，而是热情似火难舍难分的"接吻"。而这个吻，是顺女的初吻。

第一次见面就牵手，甚至献出初吻，不要以为顺女是开放的女人。俊锡与生俱来的魅力让牵手、接吻、爱抚来得如此的自然，让人像着了魔法一样无法拒绝。

正因为如此，俊锡身边的女人们像不顾后果、奋身扑火的飞蛾一样，前赴后继从未中断过。尽管顺女知道俊锡身边有很多不同的女人，但她却丝毫没有感到一丁点儿的妒意和威胁，反而理所当然地认为这是对两人爱情的考验，而且和俊锡这样风流倜傥的男人谈恋爱就必须考虑到并接受这样一种事实。

金俊锡

这个男人最大的特点就是喜欢搞失联、玩失踪。

一两天，有的时候是一个星期甚至更长的时间完全失去联系已是司空见惯的事情。每当心急如焚的顺女捶胸顿足、心力交瘁而准备放弃的时候，俊锡便会如电视剧中的男主人公般戏剧性地、及时地出现在她的面前，或是手捧鲜花等在顺女上班的路上，

或是突然出现在顺女公司的门口，一把把顺女紧紧地搂在怀里，用深邃温柔的眼神凝望着顺女，然后深情地对顺女说："你真的无法明白我到底有多爱你。"说完又将顺女轻轻地搂在怀里，一起感受清风拂过耳边的感觉。

顺女所有的埋怨、焦虑瞬间化为乌有，泪水化作了笑容，整个人融化在了俊锡的甜言蜜语之中。幸福在空气中弥漫，温柔在内心里发酵，顺女又重新感受到爱的火花开始熊熊燃烧。

不知从什么时候开始，顺女自由地出入俊锡的家中，即便俊锡外出不在，顺女也会过来打扫房间、洗衣服。她会帮俊锡把换洗的衣服洗净晾干后熨烫整齐；她会将杂乱无章的房间收拾得井井有条，她会把地板擦得光亮如新；她会给俊锡做上一桌可口的饭菜——她发现自己已经无可救药地深爱着俊锡。虽然顺女偶尔会在垃圾桶里发现用过的安全套，但她依然丝毫没有怀疑俊锡对自己的爱。"这个……或许是另有用途的呢？""也许是逢场作戏的呢……""说不定不是他用的呢……"顺女一次次在内心替俊锡辩解，一次次地自我安慰。

顺女真是个温顺纯洁的女人。

刚开始，俊锡对于顺女极具奉献精神的无偿服务心存感激，然而久而久之，也就习以为常了，再后来，甚至还会埋怨顺女没有及时来整理房间和洗衣做饭。

顺女美滋滋地把俊锡的这种埋怨看做是"俊锡需要自己"的一种信号，是自己优越于其他杂牌女友的一种象征。

顺女的这种错觉没有持续多长时间便彻底幻灭了。

那天，顺女心想自己已经很久没有到俊锡房间打扫卫生了，估计换洗下来的衣服已经堆积如山了。于是推掉了与朋友的聚会急匆匆地赶往俊锡家。一边走还一边构想着晚餐的菜单，她如往常一样掏出钥匙打开大门，正要迈进房间。不料，一声怒吼把顺女从头脑中的美食世界拉回到了残酷的现实中来。

"为什么不经允许就擅自进入别人家？你到底懂不懂最基本的礼貌啊？"只见俊锡下身裹着一条白色的大浴巾，双手交叉在胸前，气势汹汹的。他的身后，站着一个半裸的女人。就如同电视剧的情节一样，俊锡在最佳时机给了顺女最后的重重一击——"你在监视我？做人要有个度！你以为你是我的什么人？"

"俊锡这小子真是个十恶不赦的大坏蛋！"

坐在顺女面前，安慰她那从热恋天堂霎时间坠入失恋地狱的破碎心灵的，正是俊锡的朋友明浩。

"俊锡那个花心大萝卜见异思迁，整天拈花惹草，被他抛弃的女朋友都能装满一个集装箱！"

明浩与俊锡不同。

与明浩第一次见面的时候没有滂沱大雨，与明浩第一次见面的时候也没有牵手，更没有接吻。（甚至在顺女醉酒不省人事的时候明浩也丝毫不敢越雷池半步。）

顺女低着头，双肩微微地颤抖着，手里紧紧地拽着小碎花手绢，泪水如泉涌般顺着脸颊"啪嗒啪嗒"地流下。

"我相信，纯粹的爱，是仅仅为了一个人而存在的。在爱的世界里，只能容得下两个人。"明浩坚定地说道。

听到这话，顺女抬起了头，若有所思地望着明浩。

一道光芒在明浩脑后闪耀着，明浩的形象突然之间变得高大起来。顺女耳边响起了这样一句话……

这一次，也许会有所不同……

这是使顺女下定决心成为明浩女朋友的一个决定性原因。

朴明浩

这个男人似乎真的很爱顺女。

明浩雷打不动地每天早上七点钟准时给顺女发送短信息,由此开始了两人一天几十条短信和数十个电话的手机情缘。这与动不动就玩消失的俊锡相比简直是天壤之别。

而且,明浩非常关心顺女的行踪。这种关心更是超乎一般人的想象。

"你家住在哪里?你一般几点回家?今天几点会回家呢?下班后马上回家吗?今晚的聚会都有谁参加?是男人还是女人?可是,为什么要在工作时间以外跟男同事一起吃晚餐呢?那么,一群女人在一起要干什么呀?问题是聚会上也有男人啊!周末你有什么计划没有?刚才为什么不接电话?怎么这么久才接电话呀?你不是说现在在家里吗?……"

顺女把明浩的这种犹如瀑布倾泻一般的提问看做是对自己的关心和爱护,并为此深深地感动着。"如此体贴细心的男人我还真是第一次见到。我就说嘛,明浩真的是与众不同……"顺女心里美滋滋的。

明浩对顺女的关心与日俱增。

明浩的短信唤醒顺女的每一天——"早安,亲爱的,你睡醒了吗?"没错,现在明浩除了过度的关心与紧张,还学会了撒娇。

如果顺女在接到短信的十秒钟内没有马上给明浩发出诸如"嗯,昨晚睡得很好。""我已经起床了。""早上好!又是美好一天的开始哦!"之类的回复,那顺女的手机就随时有被明浩打爆的危险。有一次，顺女没有看到明浩发来的信息就跑去洗漱，结果十五分钟后洗完澡回来发现手机上竟然有十八个未接通电话。当然，全部都是明浩打来的电话。

此后，每天早上顺女一睁开眼睛就怀着一颗忐忑不安的心等待着明浩的短信，一接到短信便以最快的速度给予回复，然后才可以安心地起床洗漱。这俨然已经成为了顺女的习惯、生活中不可或缺的一部分。

！12点！

这天，明浩的电话如约而至，"嗨，亲爱的，中午你准备去吃什么呢？"

中午时分，顺女在餐厅里排队等吃饭，由于四周嘈杂喧闹而错过了明浩的电话。结果顺女跟同事们吃完午饭走到公司门口的时候，发现明浩早已站在那里等候多时。一见到顺女回来，明浩便大步流星地冲了过去，紧紧地抓住顺女的双手。"亲爱的，你怎么不接我电话呀？我还以为你出了什么意外呢！担心死我了！"

就是在那天晚上，顺女忍无可忍，与明浩一刀两断了。

！晚上7点！

明浩的电话如同定时闹钟般响起——"今晚下班有什么安排没有？直接回家吗？"

"不。今天晚上下班后，公司有个聚会。最近一起做项目的同事下班后要去喝一杯。"顺女如实交代。

然而，这个如定时闹钟般的电话却成了定时炸弹。

"聚会？男同事也一起参加吗？也有其他女同事？还是……"

明浩有打破沙锅问到底的趋势。

"哦？只……只有女……女同事参加啦！别担心。"顺女开始
有些底气不足了。

那天晚上，心存疑虑的明浩跟踪顺女来到聚会的酒吧。当看
到一行人中竟然有两个男人时，明浩勃然大怒，再也无法控制自
己的情绪，冲进酒吧挥拳相向。

"你怎么可以背叛我？背叛我们的爱情？"明浩咆哮着。

这是明浩留给顺女最后的一句话。

**直至今日，顺女依然在爱情路上寻寻觅觅，期待着命运中那
个人的出现。**

**一次又一次地下决心——"我绝不会再落入'坏男人'的圈
套了。"**

叮咚！

一条短信传来——银行卡的短信通知。

是韩正宇用顺女的信用卡刷卡消费后，银行发来的结算通知。

韩正宇

顺女新恋情的男主角——一个刚认识不久，比顺女小几岁的
男生，一个一心想进军好莱坞当大导演的志愿生，一个幻想终有
一天可以站在奥斯卡领奖台上为韩国争光的待业青年。

××酒吧，128 000元结算完毕。

"想当导演难免要出去应酬搞好人际关系，哪能不花钱的
呀？"一想到正宇，顺女心里甜蜜得像开了花，嘴角不自觉地露出
了笑容。

顺女知道……

终有一天，正宇可以实现梦想，成为票房过千万的著名导演……

这一次，也许会有所不同……

因为正宇身上有一种特别的东西……

附笔(Postscript)

在顺女失败的爱情故事里，有一件事情是她所不知道的。

花花公子金俊锡，疑心重控制欲强的朴明浩，还有依赖心强的牛皮大王韩正宇，这些坏男人的共同分母恰恰就是"顺女"自己。

不是他们在找寻顺女，而是顺女把自己放在他们身边的。

也许应该说，这些坏男人并不是顺女爱情路上的绊脚石。

对于爱情过度的轻信，每次认为会有所不同的错觉，过于重视对方的做法，没有原则的忍让，自我降低身份的观念……

所以，也许应该这么说，是善良的女人造就了邪恶的男人。

所以，也许应该这么说，顺女必须"改正归邪"才能修成正果。

反正，差不多就是这个意思……

我中有"我"？
——明知对方不喜欢仍纠缠不清

手机像是马上要爆炸了一样的滚烫。

跟朋友荣美通电话已经快一个小时了。

为了不给各自的男朋友打电话，我们只能没话找话地闲聊着。

真希望我的十个手指头都断掉了，那样就算我想打电话也打不了了。

"你这狠毒的女人！虽说最毒妇人心，那我也没见过像你这样诅咒自己的呀！"虽然我嘴上这么说荣美，但其实我自己也深有体会——那种希望自己十指都断掉无法打电话、发短信的心情。

尤其是在现在这种恨不得每五分钟就打一个电话追问男友行踪的情况下，我内心的那一个人（我发誓，那个人绝对不是我）肯定也抱着这样的一种心情，期望恶毒的诅咒能够阻止自己的冲动和怒火。

耳边不时响起他疲倦厌烦的声音。

"我真的已经受够了！"

　　"如果你继续这样下去，我真的会受不了的！我会讨厌你
的！"

　　"你要真再这样的话，我们分手吧！"

　　这时，我内心的另外那个人（绝对不是我自己，真的！）懊恼
得怒火攻心、大发雷霆，然后痛哭流涕，直至最后他关掉手机电
源。

　　这是一个反复出现的连环过程。

　　所以，现在荣美的这种把主观意愿寄托于客观条件的迫切心
情，我是能够百分之一百，不，应该说是百分之一万能够理解的。
因为我也时不时这样地诅咒自己。

　　之前的我，就是我，真实的我。然而，在与男朋友交往了之后，
我就不仅仅是原来的那个我了，我的内心又出现了另外一个崭新
的"我"。

　　这是一个诱发我内心所有与执著相关要素纠集在一起的全
新的"我"。

　　是一个纠缠不清拖泥带水的令人厌烦的"我"。

　　是一个每隔五分钟就必须打一个电话确认对方行踪的让人
生厌的"我"。

　　是一个对方不接电话便会暴跳如雷、七窍生烟的使人心生恐
惧的"我"。

　　是一个无时无刻不抓住对方就问"你爱我吗？你真的爱我
吗？你确信你是爱我的吗？"的叫人身心疲惫的"我"。

　　也就是说，"我"是我的"执著女版本"。

　　只要满足以下任何一个条件，我内心的"执著女版本"便会

立即被激活：

第一，用一种漠不关心的语气与我交谈的时候；

第二，让我感觉到他并不爱我的时候；

第三，给他发短信却没有得到回复，或者他没有及时回复的时候；

第四，他不接我电话的时候；

第五，他指责我长相外貌的时候（例如，今天怎么看起来脸色有点发暗，最近皮肤好像不是很好，诸如此类。）；

第六，给他打电话发现他有些不自然的时候（比如，我现在正在开会，过一会儿我再给你打，我现在在忙，等等）；

第七，对于"你爱我吗？"这样的提问没有及时、诚恳地做出回答的时候。

当然，如果满足以上七项中的两项或两项以上的条件，"我"就将最大限度地活跃在"执著女版本"的舞台上，直到一发不可收拾。

嘟嘟嘟嘟……

长时间的通话终于耗尽了荣美手机电池的电量。

"绝对不能……不能给他打……打电话！我内心的我，荣美内心的荣美，都不可以……要忍！要忍住！"我开始对着电话自言自语。

一周以前。

我们把车停在汉江边上，打开车窗，在车里感受微风习习吹皱一江春色的惬意。

好长时间没有见到他脸上露出如此轻松舒适的表情了。

从车窗望去，朦胧的月光为汉江披上了一层银纱，馥郁的花香随风飘来，一切显得是那么的静谧安逸。

他松了松紧箍在脖子上的领带，一只手握住了我的手，另一只手娴熟地点起了一根香烟，烟雾袅袅升起，淡淡的烟草味道轻轻地弥漫开来。

这时，他懒散地、发自内心地轻叹了一声："啊，真好！真舒服……"

"真好？什么真好？"我期待着他的答案。

"什么都好。项目终于告一段落了，好久没有这么清闲了，整个人舒服极了。"他依旧闭着眼睛，独自沉醉在一片宁静之中。

"你是因为项目结束了，才觉得舒服、觉得好的？而不是因为我在你身边你觉得好的？"我开始烦躁起来，似乎"执著女版本"被激活只是时间的问题了。

"哎呀！有你在当然好了！"虽不是漫不经心的回答，但我也感受到他有些许的不耐烦。

"你到底有多喜欢我？"我开始进攻，为进入"执著女版本"做热身。

他情不自禁地叹了一口气。（对了，刚才在罗列"执著女版本"被激活的条件的时候，我漏掉了非常重要的一项，那就是他对我叹气。）

"嗯？你说呀？你倒是说说看啊！你到底有多喜欢我？"我开始进入状态。

"啊！不知道！别问了。"

"什么？不知道？别问了？什么意思？你连自己有多喜欢我都不知道？这种事情你不知道还有谁知道？"

"这种事情一定要说出来吗？"

"你不是说你不知道吗？你为什么会不知道啊？你自己心里怎么想的你会不知道？"

他深深地叹了一口气，转过身来，望着我，紧紧地握住我的双手。"亲爱的，你这么可爱这么漂亮，我当然喜欢你啦。我要是不喜欢你的话，怎么可能项目一结束就过来找你？我要是不喜欢你的话，怎么可能这么握住你的手呢？"

"那……你爱我吗？"

话音刚落，只见他的表情开始凝重，而我也逐渐发觉"执著女版本"进入了驱动程序，离我越来越近了。

"你说呀，你爱不爱我？"

他身子往椅子一靠，一脸疲惫。

"智允啊，我很累，就让我好好休息一下吧！"话语中透出一丝哀求。

"要你说一句'我爱你'就那么难吗？你就那么不愿意对我说'我爱你'吗？为什么？"

他已经把脸转开，望着车窗外，似乎有些不愿意再面对着我了。

车内的温度骤然下降，空气一点点地在凝固。

"我爱你！行了吧？满意了吧？"

正式进入"执著女版本"的我忍无可忍，眼泪"啪嗒啪嗒"地往下流。

其实我本来想强忍住的，可惜另一个"我"执意地爆发了。

最终，那句话还是从"我"的嘴里冒了出来："哥哥！你对我到底是不是真心的？你是不是真心爱我的？"

他一言不发地发动了引擎，把我送到家门口之后，连句"再见"或者"晚安"都没有，便驱车离开，留下我独自站在街灯下发呆。

重新给荣美打电话，然而一直传来的，都是"您拨打的用户正在通话中，请稍后再拨"这样的语音提示。

我想，荣美最终还是忍不住拨通了男朋友的电话了吧。

我一边以友情的名义祈祷荣美内心中的那个"荣美"不会被激活，一边在手机按键上按下了那个再熟悉不过的电话号码。

"我现在正在开会，晚上给你打过去。"我还没来得及反应过来，电话已经被挂断了。

急不可待地想重新再拨个电话过去问他到底晚上几点钟才会给我电话，但我还是咬咬牙忍住了。

从几点开始就可以算是晚上呢？五点可以算是晚上了吧？或是六点？七点？八点？还是更晚呢？经过一番冥思苦想之后，我坚定地认为，在我所生活的这个世界里，"晚上"这个时间概念与太阳下山时间无关，是从下午五点半开始的。

"那好吧！就让我忍到五点半吧！"我尽量让自己静下心来，深呼吸，闭目养神。

5:30PM

说好晚上给我电话，怎么还不给我打电话？我开始百爪挠心般心烦气躁。

"是我。哥哥你不是说晚上给我电话吗？忘了吗？怎么都不给我打？"

"智允,我现在还没下班呢。"

"还没下班就不能给我打电话了?"

"你也知道的,上班时间不方便打私人电话。挂了吧,我晚上公司还要加班和聚餐,以后我再给你打吧。"

"以后? 以后是什么时候?"

"我说了以后就是以后。"

"告诉我确切的时间! 你怎么就不能换位思考呢? 就不能站在等电话的人的角度来考虑问题吗?"

"你到底怎么了? 怎么总这么纠缠不清? 我真的要挂电话了!"

"你这算是爱我吗?"

电话那头只留下了"嘟嘟嘟"的声响,还有电话这边我失望、幽怨的心情。

6:00PM

重新又拨通了他的电话。

"对不起,刚才我错了,我不该说那些话去烦你。"

"哦,没事。"

"但是,我觉得有点委屈。"

"为什么?"他轻轻地叹了一口气。

"一定要去参加公司的聚餐吗? 公司的聚餐就比我重要吗?"

"我手头上的事情还没处理完。以后再给你打电话。"

7:00PM

再一次拨打了他的电话,然而,他却没有接听我的电话。

一种不祥的预感掠过心头。

难道我们就这样结束了？
"我"被最大限度地激活了。

接连打了三个电话，他依旧不接。于是我给他发去了短信——"给我回个电话。"

7:13PM

终于，他主动给我打来了多日来的第一通电话。

周围很嘈杂，似乎是从聚会现场给我发回的直播报道。

"现在和同事聚餐呢，有事吗？"

"哥哥，你不觉得你这样做很过分吗？你到底爱不爱我呀？"

"你要是继续这样的话，我真的生气了。周末我们再通电话吧！"

他挂上电话的那一瞬间，"我"开始感到不安，不祥的预感不断飙升。从这一刻起，不断拨打电话的已经不是我了，而是被彻底激活了的、我内心的"执著女版本"的我。当然，从这一刻开始，他就再也没有接听我的电话，而"我"却像是发了狂一样不停地按下电话按键，直到手机没电。

第二天早上起床打开充完电的手机一看，昨晚"执著女版本"的我整整打了二十三通电话，而他的手机上应该也显示了二十三通未接听的电话。

稍微冷静下来的我给他发去了短信"给我打个电话吧。"

许久不见回复，于是，我又发去了一个短信"对不起，我错了。"

还是不见回复。于是，"执著女版本"的我又开始慢慢苏醒，

蓄势待发准备进入激活状态。

忍不住，我拨打了他的电话，他还是不接。

在"我"连续拨打了五通电话而他连续五次不接"我"的电话之后，势不可挡的"执著女版本"正式进入激活状态——直接把电话打到他的公司。

"麻烦您让金政佑代理来听一下电话。"

"请问您是哪位？"

"我是他的客户。"——没错，我就是他的客户，难道有哪条法律规定说女朋友就不能是客户吗？我随心所欲地成为了他的客户。

终于听到他的声音了。

"您好，很高兴为您服务。我是资金运营部的金政佑代理。"

"是我，你为什么不接我的电话？"

沉默蔓延开来，里面蕴涵着愕然、惊讶。

"智允，你到底这是怎么了？为什么要这样？这里是公司！我不是说了周末给你电话吗？"

"你先说你为什么不接我的电话？也不给我回信息！我到底要怎么做你才能满意？你说呀！"我冲着电话号啕大哭。

你到底爱不爱我呀？

当这句话被说出口的时候，电话已经被挂断了。

智允对着电话泣不成声地不断重复着"你到底爱不爱我呀？"这句话。

三十分钟后，智允站在了金政佑公司的大堂。

到底是怎么来到这里的，连智允自己也说不清楚。

因为做出这种事情来的，是智允的"执著女版本"，即智允内心的另外一个"智允"。

智允来到接待处。

"对不起，我想找资金运营部的金政佑代理。"

"请问您是……"

"啊，我是他的一个客户……"

附笔(Postscript)

不要过分执著，不要纠缠不清，因为那都是自虐的代名词。

而且，所有的男人都不喜欢过分执著的女生。

所以，适可而止才是王道！

不用信用卡的男人
——与有妇之夫相恋

　　昨天和采访组的 P 科长见了面。

　　刚做完水晶美甲的 P 科长翘着兰花指，优雅地端起摆在面前的茶，轻轻地啜了一口，嘴角带着一丝隐秘的笑容，一双丹凤眼直盯着我，说道："金记者，这次的报道很成功嘛！你是不是暗地里藏着一个神通广大的线人啊？"

　　隐匿的神通广大的线人……

　　难道 P 科长也知道他的存在？

　　其实，说不定不仅仅是 P 科长，我身边所有的人都知道他的存在，只是大家都心照不宣罢了。

　　或许，我和他之间的关系，已如同"浮在水面上的潜水艇"一样，自以为是隐藏在一个安全封闭的空间里，然而殊不知周遭的人早已对此了如指掌，只是在静观其变而已。

　　几天前，我把他告诉我的一些信息作为基础材料写了一篇独家报道，现在看来这种做法太过轻率，当初只是想做一篇标新立异的报道，可结果却是间接向众人表明了我与他之间那见不得光的关系。

　　P 科长轻描淡写的两句话，却使我顿时不寒而栗，一种无法言喻的恐惧感从上而下密密实实地笼罩住了全身——被诉以通奸罪，受到公司处罚，被迫递出辞呈，成为众人茶余饭后八卦的焦点，走在街上背后被人指指点点，父母因我而承受压力……

我与他之间的关系，带给我的竟是这样一种恐惧的感觉……

我与他之间的爱恋，最后竟然要用这种恐惧感来画上句号……

P科长左手食指刚涂上粉红色指甲油的指甲上，有一条细细的划痕，应该是刚才没等指甲油完全干透就急匆匆从美容院赶来的结果吧。划痕虽细，此刻却异常显眼。

看着P科长指甲上的划痕，一股莫名的恐惧感紧紧地纠缠着我，整个心似乎像被撕裂了一样，一种山崩地裂的痛排山倒海般向我袭来。

哗啦啦……哐！

山崩地裂的同时，所有的一切都结束了。

我去意已定，这一次一定要快刀斩乱麻。

"分手吧，我们！"我咬咬牙狠下心，冷冷地说道。

"为什么？"他一脸无辜，用一种不解的眼神望着我，一副似乎真的不知道我为什么要提出分手的面孔。

"……"一时间，我不知道该怎么回答。

"我们之间，难道出现了什么问题吗？不是一直都好好的吗？"

今天，他依旧魅力四射，帅气逼人。

望着他的脸，忽然间，有一种胸闷恶心的感觉一涌而上。

那是五年前的事情了。

那时我二十七岁，是刚挥别书山、扬帆职场的新人。涉世未深的我就在这个时候认识了三十七岁的他。他看起来比实际年

龄还小五岁，国内最高学府毕业、镀过金的海归派，知名大企业的理事，有温柔贤惠的妻子和活泼可爱的孩子，外人看来他是一个事业有成、家庭美满幸福的成功人士。

转眼间五年过去了。

也就是说，今年我三十二岁，在如今新人辈出的时代，俨然已经成为了新闻界没有多大业绩的"老前辈"，也获得了所谓"GoldMiss"这样的社会地位；伴随我的，还有再怎么做健身、美容也阻挡不了的日益突出的腹部赘肉、逐渐失去弹性的皮肤、沉浸社会染缸多年而养成的伪装成熟的坏脾气；不仅如此，我独自顶着不时遭到老爸老妈催婚轰炸的压力，是个众人眼中从不交正式男友的单身贵族。

而他如今四十二岁，看起来比实际年龄小七八岁，学历还是以前那份抢手的学历，工资却已经翻了好几倍，成熟而依旧美丽的妻子，健康可爱的孩子。

五年来，我一直躲在这个成功男人背后，默默地做他的地下情人。虽然爱没有输赢，但如果敲打一下爱情计算器的话，便不难发现——

这五年来，他没有失去任何东西，

……而且，他还有一个可以避风躲雨的港湾。

压抑委屈如同一把尖锐的匕首硬生生地插进了我的心窝。年少轻狂的我爱情至上，曾以为只要有爱便可以拥有整个世界，然而花一般的青春绽放过后，留给我的是无限的惆怅与失落。

不可否认，对爱情充满幻想的我曾经天真地认为，自己可以像电视剧里的女主人公一样，只要坚守着爱情，就可以跨越所有的障碍，无论狂风暴雨，无论崎岖坎坷，终会守得云开见月明。

每当电视里出现与有妇之夫相恋的情节时，总会有人在旁如是劝说："男人最终还是要回到自己家庭的，他是不会为了你抛弃家庭、名利、地位、荣誉的。最终剩下的只有你自己。蹉跎了青春不说，还落下个'狐狸精转世''破坏别人家庭的第三者'这样的坏名声。"虽说是俗套的对白，换来的却是我揪心的痛。

……电视剧是生活的浓缩，有些对白是真理。

与他的关系，对于所有的人来说都是秘密，无论是父母、兄弟姐妹，还是最要好的朋友。除了坚守着与他的爱情之外，我还要固守着我与他的秘密。

一个秘密必然产生另外一个秘密，而一个谎言必须由另外一个谎言来掩饰。

于是，我永无止境地构思出一个个谎言欺骗周遭所有的人——父母、兄弟姐妹，还有朋友和同事。忘了从什么时候开始，为了不在谎言的森林里迷路，我甚至找来了一本小手册，详细记录下了谎言的基本脉络。尽管我自知很难成为前后一致的谎言高手，但至少我的谎言不能被人一眼揭穿，不能让人觉得我是一个自相矛盾的撒谎低能儿。

每次和他外出时，他绝对不会使用信用卡，所有的账单都是用现金结账的。甚至在大型购物中心花一百多万①买双名牌皮鞋送给我做生日礼物的时候，也是用现金付的账。

当然，我也不想因为信用卡账单而在他妻子面前暴露了我们

---

① 货币单位为韩币。目前人民币与韩币汇率一般在1：170左右。

俩维持已久的秘密关系。然而，他拿出一大沓现金结账，而当收银员又从头到脚地把站在他身旁的我扫描一遍的时候，那种不屑的眼神真的是让人难以忍受。

"其实你也是知道的，"他若无其事的回答着——每次我问他为什么就不能用信用卡结账的时候，他的回答总是如此简单明了，让人有种事不关己高高挂起的感觉。

他的一句"别用香水"，看似满不在乎的一句话，却使我从此告别了香水，家中所有的香水都被打进了冷宫。我们的关系注定了我不能成为一个飘散着香味的女人。

就在他对我说这句话的那天晚上，我梦到了他的妻子。梦中，他的妻子对他说："老公，最近我发现你的衬衫上有一股平时没有闻到过的香水味。你是不是外面有女人了？到底是什么女人？"

就连化妆品，我也必须买没有添加任何香料的。看着那些可以随心所欲洒香水、选择自己喜欢的化妆品的女人们，我除了羡慕，别无它感。

香味，香味，香味……

就因为害怕香水和化妆品的味道残留在衣物上，我们连最基本的拥抱都未曾有过。别说情人之间热情的相拥了，就连兄弟姐妹式的轻轻一抱也算是天方夜谭了。

跟他在一起的五年里，想成为飘散着香味的女人的想法与日俱增。

如果有人问我，这五年来除了喷香水外最想做的事情是什么，我想我会大声地告诉他："我想做一个可以给他打电话的女人。"

我的电话号码在他手机里，成了一个假想的男性的号码，好像是什么金代理还是崔科长之类的……

下班以后、周末还有节假日，我是绝对不可以主动给他打电话的。刚开始谈恋爱的时候，他曾借口出来买烟偷偷地给我打过几个电话，但后来决意成为"模范丈夫"的他成功戒烟后，两年来，周末和节假日想要听到他的声音就如同登天一样难。

就只有一次！

真的就只有那一次，周六的晚上我给他打了一个电话。

那天，发烧的我昏昏沉沉地躺在床上，一闭上眼睛就感觉整个世界旋转个不停，忽然间整个人变得非常感性，觉得如果可以听到他的声音，自己马上就可以痊愈一样。于是，挣扎着起来拿着手机拨通了他的电话。然而，当时的他正与家人在外就餐，享受着天伦之乐。他一接起电话，便故作镇定地说道："啊，崔科长，你好！是因为上次你说的那个文件给我打的电话吧？我回去核查后再给你电话。就这样吧。"自顾自说完，也不等我做出任何反应，就挂断了电话。留下我对着手机发呆，顿时心里萌生出一种无法用言语表达的痛苦，仿佛把全世界的蛇胆和黄连都吞进了肚子里一样。

自那次以后，无法对他人诉说的委屈、苦闷、压抑一并涌上心头，我主动提出了分手。而他却执意让我理解他的苦衷、他的立场。最终，我敌不过他的苦苦哀求，不舍与心软占了上风，于是见不得光的关系得以继续维持。

随着时间的推移，我们之间的激情慢慢归于平淡，热情渐渐冷却，与此同时，在一起已经成为了我们的一种习惯。对于我们之间不道德的关系、千夫所指的秘密，我们似乎也开始逐渐熟悉并接受。

跟他在一起的时候，我多想像其他的情侣一样，在明媚的阳光下，挽着他的手臂走在市中心的大街上。像这种情侣们的家常

便饭，对于我而言，却是个长久以来的梦。

而这个梦是永远都无法实现的。

因为，我是个"隐匿的存在"。

等待黑夜，避开公众是我们生活的必备；隐蔽的旅馆，幽暗的车厢是我们约会的场所。

每次与他约会后回家，总会有不同的噩梦纠缠着我——不速之客钻进我的车内；无论我再怎么掉转方向盘，车还是朝着地狱的方向冲去；他的妻子挺着大肚子目不转睛地望着我，嘴角带着一丝嘲笑；在人头攒动的广场，他从我身边经过，任凭我再怎么呼唤，他也听不到我的声音、看不到我的人。

也许，我就是这样一个看不见的存在吧。

最让我难受的是——我和他的关系是一种"不合法"的关系。

严格来讲，我的所作所为是一种犯罪。也就是说我是一个罪人。

趁着醉意第一次与他接吻后，他跟我开玩笑说道："亲爱的，我们可不能这样哦，因为我们是违法的。"

第二天起床后我直奔书店，查阅法律书籍中关于"通奸罪"的条文，每多阅读一行条文说明，我的心就揪得越紧。这件事以前我没有跟他说过，以后也不会再提起，这是一个他永远都不会知道的秘密。

从那天以后，对于可以跟他"合法"相爱的妻子，我的内心除了愧疚，还多了一份羡慕。

然而今天，我决定从此结束长久以来的愧疚与羡慕。

他的下巴露出青色的胡子茬儿，显得是那么的性感，身上还隐约传来一股高级香水的味道。今天的他依旧魅力四射，帅气逼人。

忽然间，有一种胸闷恶心的感觉一涌而上，胸口上像压了一块大石头一样让我喘不过气来。我铆足了劲儿，对他说：

"我们分手吧！"

附笔（Postscript）

看到她瞬间脸色变得煞白，P科长有些始料不及。

既然不是一个厚颜无耻的女人，又怎么能做出如此不洁身自爱的事情，怎么能长时间维持那样一段不道德的关系呢？

当别人谈起她的时候，总会用到这样的字眼——狠毒的女人、狐狸精、破坏人家家庭的坏女人，甚至还看到过别人在她的身后指指点点。

然而今天直接面对面交谈，她的表情却让P科长产生了一种想要帮助她走出困境、让她重新站起来的想法。

因为，P科长比任何人都更能理解她现在内心的苦楚。

27岁那一年，P科长与一位有妇之夫坠入爱河。

这段爱情却因为"你爱我，为什么就不能为了我而离婚呢？"这一提问没有得到肯定答案而最终以分手告终。

不久以后，离完婚的他苦苦哀求复合，但一想到此后必须面对的所有一切——孩子的赡养费、社会舆论的指责、父母的不理解……P科长自觉无力承受，便毅然再次走出阴霾，放弃了那段感情。

"明知不可为，必然不为之。然而，没有经历，又怎能知道不可为呢？没有经历，又怎知会后悔呢？"——P科长留给她一句没头没尾却能让人深思的话。

用什么来结婚
——按条件结婚VS不按条件结婚

神圣隆重的结婚进行曲响彻整个教堂。

"哇！现在的我就好像童话故事里的公主一样。"宥俐心里美滋滋的。

是不是其他的女人也像我这样，是为了这个美丽灿烂的时刻而结婚的呢？

雪白的婚纱，闪烁的小皇冠，柔软的白手套，还有优雅的花球……

当所有的宾客把目光都聚集在宥俐身上的那一瞬间，宥俐觉得自己真的就是从童话世界中降临的光彩夺目的公主。

难道所有的努力就是为了今天这一刹那吗？是什么让我既不瞻前顾后，也不左顾右盼，一心朝着结婚这个所谓的终点站不顾一切地狂奔呢？

证婚人一脸严肃的表情站在新郎新娘的面前。

"新郎金俊豪，你愿意娶新娘朴宥俐成为你的妻子，从今天开始相互拥有、相互扶持，无论顺境还是逆境，无论富有还是贫穷，无论健康还是疾病，无论青春还是年老，都彼此相爱、珍惜，直到死亡将你们分开吗？"

与宥俐认识还不到三个月的金俊豪响亮地回答道："我愿意。"

金俊豪还真是不假思索地就说出了这个关乎一生幸福的三个字。

其实俊豪和宥俐在举行婚礼之前，连一次像样的接吻都没有。这样的结婚在现在看来是不是有些让人匪夷所思呢？

绝对不是！虽然当今社会，这样的事情听起来有些不可思议，但至少他们不是盲婚哑嫁，况且结婚的前提也不只是几次像样的接吻。

"新娘朴宥俐，你愿意让新郎金俊豪成为你的丈夫，从今天开始相互拥有、相互扶持，无论顺境还是逆境，无论富有还是贫穷，无论健康还是疾病，无论青春还是年老，都彼此相爱、珍惜，直到死亡将你们分开吗？"

证婚人严肃地看着宥俐，等待着她的回答。

"以后是不是会后悔呢？"

然而，在这个神圣的时刻、庄严的地方，似乎已经不容许她给出语惊四座的否定答案。

于是，宥俐也给出了同样的答案——"我愿意"。显而易见，宥俐并不像俊豪那样毫不思索。

婚礼结束了。

证婚人冗长乏味的证婚词使得宾客们纷纷离席。在宥俐看来，用美丽婚纱和闪亮皇冠装扮一身的时间短得犹如昙花一现。这究竟是不是自己长久以来梦寐以求的结婚典礼？

一直奔着结婚这个最终目标前进的宥俐，在婚礼结束的时候，忽然感悟到其实这才是人生另一个旅程的开始——正如当年自己呱呱落地一般。

宥俐有些彷徨，不知道自己该怎么去面对，怎么去经营新的生活、新的旅程，感觉似乎前途一片迷茫，看不到未来。

妈妈为什么没有告诉过我，其实结婚不是一种结束，而是一个新的开始呢？

在宥俐二十九岁那一年，她明白了这样一个事实——在当今这个社会，只要满足以下两个条件的女人，即使她很聪明、能干，或者她很善良，都会被赋予一个"罪人"的称号：

第一，没有钱或者不漂亮；

第二，单身。

人们会心存这样的疑问——"你凭什么到现在都不结婚呢？"同时伴以一种异样的眼光注视着你。

为什么人们的口中能够如此轻而易举地就冒出这样的话来呢？——你以为你钱多？还是你自认为长得漂亮？难道头脑很好使？还不趁着现在年轻，找个好人嫁了吧！干得好不如嫁得好，这是亘古不变的真理。

尽管现在已经不再是落后的时代，但女人身上还是存在着这样两种前提：

第一，无论如何都必须结婚；

第二，身上唯一的武器就是年龄（当然，其中还包含着吹弹可破的皮肤和功能相对健全的子宫）。

还没结婚的宙俐是宥俐的姐姐，比宥俐大三岁，漂亮、能干，还有一个众人羡慕的职业。

宙俐的聪明、能干，让人不敢轻易对她说出"你凭什么到现在都不结婚？"这句话。

看着家里两个待嫁闺中的女儿，妈妈感到罪恶感日益加深。当新年钟声响起，宥俐步入三十周岁的前一年，妈妈决定不再在家中坐以待毙，脑中唯一的一个念头那便是"至少得嫁出去一个"。

"天塌下来也不能再拖过今年了"，妈妈如独立斗士一样，豪迈地发出了战斗宣言，并斥二百五十万的巨资到婚姻介绍所登记了宥俐的个人相关资料。

一个母亲最大的恐惧感便是看到女儿年华已逝却依然没有找到归宿。为青春不再的女儿寻找一个可以托付终生的男人（姑且不论这个男人的质量），是母亲们代代相传并为之竭力奋斗的课题。

交付二百五十万元，可以相六次亲。这样计算下来，每次的花费大概是四十万元。

要交四十万元才能相亲的男人们……

失败的话，投资的钱付诸东流；但如果成功的话，四十万元换来的是一生的幸福。这种价格到底算是便宜？恰当？还是昂贵呢？宥俐自己也说不清楚。

宥俐开始怀疑大韩民国是不是有一种专门制造相亲专用男人的工厂，每次相亲见面的男人似乎都像是一个模子里扣出来的一样。

宥俐在跟三个同一类型的相亲男见面后，终于明白大韩民国里能跟自己结婚的男人也就差不多是见过面的那些相亲男了。但目前来说，最重要的是在今年过完之前把自己嫁出去，明年自己就是三字开头的了。宥俐忽然觉得自己像是个今年年底就要过期的罐头一样，期待有人赶紧把自己买走。

让宥俐下定决心结婚的是第四次相亲见到的男人。这个男人是个比宥俐大十岁的医生。三十九岁的他与宥俐有着共同的使命感，那就是"在年底之前一定要解决掉婚姻大事"。

宥俐的医生未婚夫,年纪大、秃头、啤酒肚,再加上个子矮,但这些缺点都可以被他的职业——医生所弥补掉,并且娶到一个比自己年轻十岁的女人。

宥俐后悔当年读书的时候自己没有努力下工夫,要不然也不至于像今天这样要找一个比自己年纪大这么多,而且其貌不扬的男人结婚了。

当妹妹的结婚典礼正在如火如荼进行的时候,三十二岁的姐姐宙俐却开起了小差,脑海里面尽是一周前与男友畅槿分手的场面。

婚礼开始前到现在,听到最多的一句话就是——你为什么还不结婚?

来参加婚礼的许久未见面的亲戚朋友有的甚至望着宙俐感叹道:"所以啊,女人就是不能太聪明。"这让本来就心烦不已的宙俐更加头疼。

一周以前,畅槿跟宙俐求婚。

畅槿是个善良、憨厚的男人,是个适合一起过日子的男人。然而,当他向宙俐求婚的时候,宙俐却顿时愣住了。

畅槿家境一般,他是家中的独子,工作多年却没有什么积蓄,如果两人结婚的话,顶多也就是在首尔城郊租一套房子过着紧巴巴的日子。所谓贫贱夫妻百事哀,婚后每天不但要为柴米油盐酱醋茶操心,还要为今晚吃完饭应该轮到谁洗碗这样的琐事争吵不休……想到这些,宙俐就心有不甘。无论是外貌还是能力都比自己差一大截的妹妹都能够攀上高枝,住在江南一百二十多平方米的大房子里,过起衣食无忧的生活。为什么自己就不能过上更舒适的生活呢?

当然,不可否认,宙俐心里是爱畅槿的。然而,爱不能当饭吃,在有爱情的同时,宙俐还需要一些"别的东西"。

宽裕的经济条件,安逸舒适的生活,还有人们羡慕的眼神,诸如此类的东西。

"要不就跟畅槿结婚算了?"其实,宙俐心里还是有过一丝犹豫的。当然,犹豫的原因是多方面的。心存爱意是一方面;可让宙俐犹豫的另外一方面,也是最重要的一方面,是畅槿平凡的家境、普通的条件、固定的月光族,还有租来的婚房。

一旁的畅槿似乎看懂了宙俐的犹豫:"对于你来说,我是不是还很不足?"

宙俐默不作声。

畅槿点点头,不卑不亢地说道:"我明白了。不过,我也不想跟一个觉得我没能力的女人结婚。我们别互相浪费时间了,就这样吧。保重!"说完,头也不回地走了。

就这样,一段感情画上了句号。

畅槿是个温柔、体贴的憨厚男人,但也有冷静的一面。

目送着畅槿的离开,宙俐虽然不敢肯定自己是不是以后会后悔,但也没有为挽回这段感情做出任何努力。

因为,她知道,仅凭畅槿,仅凭爱情,是不够的,爱情有的时候还是不能战胜面包的。

为了爱情与面包兼得,宙俐就这样松开了畅槿的手,让这段感情随风飘逝。

"为了等待一个不知道何时也不知道会否出现的条件更'优越'的男人而一次次与婚姻擦肩而过,也许是一个让人懊悔一生的错误选择。"——其实,宙俐也曾在心里不断地衡量着。

后悔的念头蠢蠢欲动,宙俐费劲地抑制住心中的杂念,硬是

把自己从回忆中拉回到宥俐的婚礼现场。

三年后。

宥俐的生活安逸且稳定。

位于江南的公寓舒适而惬心，每天钟点工把房间都打扫得干净、利落。

虽然婆婆对宥俐有诸多不满，但每一次宥俐总是送去一个装满钞票的信封，轻而易举地就把事情解决了。感觉上是出于愧疚和补偿心理，丈夫不久前给宥俐买了一部进口的红色跑车。养尊处优的宥俐花钱雇了个私人教练每天陪自己锻炼身体，三年来每天两个小时的大汗淋漓换来了比婚前更加曼妙的身姿。前不久，参加完各种烹饪、烘焙、插花学习班的宥俐又开始学起了高尔夫。宥俐成了"干得好不如嫁得好"的典型代表人物，在同学中广为盛传。

前几天在丈夫洗澡的时候，手机响起。宥俐接到一个陌生女子的电话，女子听到宥俐的声音慌忙挂上电话。宥俐联想起最近一段时间丈夫的变化——骤然年轻了许多、更加在意外表、不惜花重金买礼物送给自己，丈夫有外遇的怀疑终于得到证实。

但宥俐并不生气也没有大吵大闹，而是平静得像一潭死水，不动声色。宥俐决定维持目前这种安稳舒适、各有各精彩的生活状态。因为她从未真正去爱过这个男人。

"这又有什么关系呢？这样的生活有多少人羡慕都来不及了，我干吗要捅破这层纸呢？"虽然宥俐这样自我安慰，但心中难免有一些失落。

这种失落，也许……名字叫做"后悔"。

这三年，已经三十五岁的宙俐依旧是我行我素的单身贵族。

周遭的人已经不再催促宙俐快些解决婚姻大事了，可能是都已经放弃了的缘故吧,但却也依旧投以惋惜的目光。甚至有的人还在背后窃窃私语,认为宙俐搭上了有妇之夫。

不久前,从朋友的口中得知畅槿跟一个平凡朴素的女孩结了婚。一起传到耳边的还有由于投资收益颇丰,畅槿在江南买下了一套一百多平方米大房子的消息。宙俐深知,畅槿虽然其貌不扬、默默无闻,但却是足智多谋、精明能干的人,有现在的这种成就其实也不足为奇。

为了寻求更好的条件而不断拒绝,然而更好的条件并没有像想象中的那样出人意料地出现在面前。与畅槿分手后,宙俐挑选男人的眼光更加锐利,结婚的标准更高了。然而所遇到的男人没有一个能比畅槿更优秀。这时,宙俐才明白一手托着爱情,一手提着面包的"完美的男人"只存在在幻想的世界里,而在现实世界中已经消失得无影无踪了。

激流奔腾的河水变成了浅滩,天空乌云密布,连雷声都只是干燥地闷响着,干裂的土地刺痛着双眼——这便是宙俐的现状。

早知如此,何必当初。

男人并不是聚宝盆中不断涌现出来的存在,男人也会像停水停电一样有一天突然在你的生活中消失不再出现。

附笔(Postscript)

看条件结婚的宥俐后悔了,

因条件而不结婚的宙俐也后悔了。

因为,条件就仅仅是条件,选择了条件就不要后悔。

那么,又该看什么来结婚呢?

哎呀! 答案不是明摆着的吗……

争吵的技巧——明知不可却出口伤人

女人：你怎么可以这样？你怎么能够这样做？我们……我们这还算是男女朋友的关系吗？哪有两人在交往还能这样子做的呀？你！你到底为什么要这样对待我？你安的是什么心？到底这是为什么？

男人：……

女人：我真的很失望，我现在对你很失望！对了，上次我们约好见面，可是你迟到了大半天才到的。那个时候，那天，那个，你忘了？（咦？我怎么突然说到这个了呢？）那天，你打打马虎眼，就那么把我给糊弄了！（不是说好不要再说这件事情了吗？）为什么那样做啊？你真是的！

男人：我今天好像没有迟到啊！

女人：我现在说的不是这个！！！！你还记不记得上次你说要带我去岛上玩？忘了吧？那你还记不记得说过要请我吃炭烤生蚝啊？（哦？难道我记错了？）那都是猴年马月的事情了，到现在一件都没有实现过，别说什么炭烤了，我连生蚝长什么样都快记不清了。不管是炭烤生蚝还是什么玩意儿，是不是总得请我吃点什么呀？（对了，上次是因为我有事而爽约的。）

男人：上次我都预约好了，可你自己说有事忙，所以……

女人：什么？这么说来，这一次你是在报复我了？

男人：哦？不是不是！我都忘了。你不说我真的就忘了这事了。

女人：忘了？你说得到轻巧，这种事情就你会忘！（越说还真是越让人生气。）是不是对于你来说，所有跟我的约定都那么不重要？（真的气死我了！）你总是这样！你就总这样吧！反正一句"我忘了"就可以把所有的一切都推得一干二净！

男人：……

女人：难道我对你有什么特别的期望吗？你也不看看我那些朋友，你送给我的东西加起来都没有她们男朋友送的一小半那么多。你都这样了，我有说什么吗？（没错，我要理智点。）你就这么不懂女人的心吗？小小的一点礼物都能让女人感动到哭，小小的一点忽视都能让女人气得发疯。（就算再怎么生气，有些话也是不该说的。）你知道静雅吧？为什么她能在良才洞？……为什么不认识？是装作不认识吧？上次你不还说她长得漂亮呢，你是不是有什么不可告人的秘密呀？还装不认识！反正，我要说的是静雅她男朋友，前段时间被大公司高薪挖走了……没错，就是她！我看你还装什么装？别突然告诉我你想起她是谁了！反正就是，她男朋友（我要把握分寸，不能越线了。）换了部新车！（哎哟！不该说的怎么就这样口无遮拦地说出来了呢？这就是该注意的话。）瞧你那点本事……（我的天啊！我怎么……）

男人：……（真是忍无可忍了！）……（现在不说，以后肯定后悔。）……（把这些压抑在心里，总有一天会爆发的！）……（想到这些，半夜都会起来挠墙！）……（不要再忍让了！别气死

自己！）

女人：你这算怎么回事啊？怎么到现在连份工作也找不到啊？（救命啊！随便找个人来捂住我的嘴巴吧！）你这样子要混到什么时候？你上个月还银行的信用卡钱还不是跟我借的？（我怎么这样？千万不要再继续了！刹车！快踩刹车！！！）没能力还钱干吗还刷卡？去银行把卡销了。你这把年纪，还跟女朋友要零花钱，说出去不笑掉人家大牙？这像话吗？（谁来拦住我吧！）你有什么想说的话就说吧！（快把我的嘴给撕了吧！）

男人：……（别忍了，忍她干吗？）……（别跟个哑巴似的，开口还击呀！）……（你以为你自己没缺点，很完美啊？）……（别以为我对你就没什么不满。我只是大人不计小人过而已。）

女人：干吗一句话都不说？（这到底是因谁而起的战争？）你这样什么话都不说，是不是想让人觉得我霸道、无理取闹啊？我知道你压根就没安好心。（上帝啊，佛祖啊，求求你们打雷把我给劈了吧。）每天就只会说"我考试合格的话""只要我考过那个试"（明知会后悔还会做的事情），难道考试没过，你就要一直考下去吗？你真的要等到七老八十了，还一直这样念书考试吗？（说出口马上就后悔了。）你以为你就真的能通过考试？（这个世界估计没有比我更狠毒的人了。）

男人：……（别忍了！别忍了！别忍了！别忍了！）

女人：我们分手吧！（哦！我这是怎么了？脑子进水了？怎么说这样的话？）

一阵沉默。

男人：……（求你开开口吧。别再沉默是金了。）……（就算只是说一句什么也好啊。）……（如果什么都不说就这样分手的话）……（那以后就没机会反驳了。）……（难道你要带着这些委屈过一辈子?!!）……（啊! 怎么要开口就这么难呢?）

女人：你瞪我干吗? 我问你呢,干吗瞪着我?

男人：……

女人：你就等着我说分手吧? 正中下怀了吧? 没错,我现在也很满意这种结局。

男人：喂!

女人：干吗冲着我大喊大叫?

男人：……

女人：怎么了? 怎么了? 你说呀! 说话呀! 你倒是说话啊!!!

男人：我……我爱……你!

女人：什么?

男人：我说我爱你!

女人：你! 你现在跟我闹着玩哪? 你觉得我现在有心情跟你开玩笑吗? 你能不能认真点? 这就是你的问题所在。一直都这样! 无论遇到什么事情,没有一次是认真对待的,总是这样嬉皮笑脸。每次都跟我打马虎眼,你以为所有的事情都可以这样糊弄过去吗? 你就连我们的关系都当做是一场游戏,打打闹闹,厌烦了、出问题了就想要分道扬镳,我没说错吧? 你对我到底是不是真心的? 你到底爱不爱我? 我知道,我就知道,从一开始你就是抱着玩玩的心态在对待我们之间的关系。好! 我知道了,再说下

去就都是废话了，再交往下去我就真的是全世界最大的笨蛋了！我也不愿意再浪费口舌了。我们的关系到此结束吧！

男人：好吧，我知道你现在后悔了。我现在也很后悔爱过你。但是就算我每天二十四小时中，有二十三个小时在后悔爱你，而只有一个小时在爱你，我也选择爱你！我承认有的时候很生气，有的时候自尊心被伤害到无地自容，有的时候我又会觉得很对不起你。但所有的这些情感、情绪变化，都无法改变我对你的爱。我知道自己对你的爱有多深，只可惜你似乎一点都没有觉察到。所以，一直以来，我都想让你知道我有多爱你。

女人：……

男人：……

女人：那也就是说，你是真的觉得对不起我了？

男人：嗯。

女人：那么，也就是说，以后你会小心处理这些事情，不再犯同样的错误了？

男人：嗯。

女人：真的不会再犯错误了吧？（其实，我更爱你！只是没说出来而已。）

男人：嗯。

女人：亲爱的，我们去吃什么呀？去吃你喜欢吃的吧？

男人：那个，我可以问一个问题吗？

女人：嗯？

男人：那个……

女人：嗯？

男人：你刚才到底是为了什么生气的？

女人：啊，那个呀……你是真傻还是装傻呀？到现在都不知道我在气什么？（说的也是，我到底是为了什么生气的呢？）

附笔(Postscript)

女人：再怎么吵架，有一些话还是说不得的，特别是那些说出口之后肯定会后悔的话。如果用战争来作比喻，就是像核武器一样具有杀伤力的话。说出那样的话，就算看起来像是吵赢了，其实是一败涂地。所以，要有一颗成熟的心，一颗懂得礼仪谦让的心。毕竟吵架也是一种艺术，一种生活的艺术，是需要表达的技巧的。

男人：有些事情我们总认为对方理所当然应该知道。我觉得自己知道你的心里在想什么，所以你也应该知道我是出于什么目的做出这样的事情的。然而，事情往往不是我们想象中的那样。我不是百分之一百了解对方，对方也不清楚我的内心。所以就衍生出了吵架这种行为。吵架的出发点在于沟通的不足。应该先说什么，怎样才能毫无保留却不伤害对方地说出自己内心所想。我想，这就是吵架的艺术。

女人：说的倒是很明白，很通情达理。但你为什么还那样做啊？

男人：什么？你想想你自己的所作所为吧！

女人：你又在大庭广众之下这样子?! 你到底是不是真的爱我？

……

庸人自扰
——对恋人的过去打破沙锅问到底

呼！哈！嗨！

"耶！"

惠英与珍伍喘着粗气相互对视了一番。激烈的运动过后，伴随的往往是汗流浃背的酣畅淋漓。

电视画面闪烁的是 wii fit 体感动作游戏结束后是否再来一盘的询问。21 世纪，是在客厅打网球的时代。

"哎哟！累死我了，歇会儿吧！"珍伍瘫坐在沙发上。惠英适时地递来一杯刚从冰箱里拿出来的饮料，凉透心扉。

望着刚才惠英的背影，珍伍竟忽然觉得非常性感。

一杯冰凉的饮料都能感觉如此幸福的他们，是一对即将步入婚姻殿堂的亲密恋人。

刚才玩游戏之前，珍伍就觉得后背右下方有点痒，现在打完游戏流了一身汗，原来发痒的地方变得奇痒无比。想要伸手去挠，却总是够不着发痒的地方——出动左手，够不着；出动右手，摸不到。就在珍伍费力想要对付瘙痒的时候，忽然觉得心里也痒痒地，想知道惠英的过去。当然，他并不是想要制造某些矛盾，也不是想要引爆某场战争，就仅仅只是好奇而已。

因为坚信对彼此的深爱，所以也坚信任何的过往都不会成为两人爱情路上的绊脚石。

看着惠英如同阳光般灿烂的笑容，珍伍的疲劳顿时一扫而空，"亲爱的，帮我挠挠背吧。"说完，不等惠英答复，自己就掀起汗衫把整个背部裸露在惠英的面前。惠英见状，抿嘴一笑，伸出手指准备跟珍伍后背的痒痒做斗争。

"其实，无论结果如何，对别人的过去刨根问底的，这本身就是件让人心烦生气的事情，既然知道这样做会引起的后果，干吗还要一意孤行呢？没必要吧?! 不过，话说回来，相爱的人之间还在意这些？也不至于会因为这么点小事就生气吧！因为爱，所以无论怎么样的过去都能够被理解，因为爱，所以不仅爱现在、爱未来，连她的过去也要一起爱。因为爱，就可以消除彼此之间所有的秘密。"珍伍在心里为自己辩解着，试图寻找一个合理的解释来满足自己的好奇心。

坚信自己的做法肯定能得到对方的理解，于是，珍伍没有任何私心杂念地向惠英发问："你是不是就只割了双眼皮？"

"呦！"惠英心猛地一颤——分明在最好的整容中心，用的是最贵、最高级的填充物了，难道隆出来的效果跟天然的有那么大的区别吗？但，惠英同时也暗自庆幸珍伍背对着自己，免得面部表情出卖自己的慌张。

"假装睡着了听不到。不对呀，正帮着挠背，怎么可能突然间就睡着了呢？再说了，这么安静的家、这么近的距离，说没听到不回答也说不过去呀！但是不管怎么说，现在都不是回答问题的好时机。不行，我得装聋扮哑。我现在是一个除了手指外，其余身体机能都处于昏迷状态的女人。可是，珍伍到底知道了多少？要

97

不承认一部分，然后其余的就一口咬定没动过刀子，死也不说。采取怀柔政策，会不会让他立刻'归顺'呢？难道，我说我稍微垫高了一下鼻子，隆了一下胸，吸了一点脂，割了割双眼皮，缩了缩两眼的距离，打了两针肉毒杆菌……那又能怎样？再说了，我用的是自己的钱，把自己整容整得漂漂亮亮的嫁给他，他多有面子呀！应该感谢我才对呀！"珍伍的一个提问，让惠英思绪万千。

"你说哪里？"

"什么？啊！我说你除了双眼皮外哪里还动过刀子？"

"不是，我问的是你哪里痒痒？要我帮你挠哪儿？"

"哦！就那边，右边靠下。"

奇妙的紧张感。

"帮你挠着挠着，我自己也觉得痒了。"惠英一只手帮珍伍挠着后背，腾出另外一只手开始挠起自己的大腿来了。

"要不我也来帮你挠挠？"

"不用了，怪不好意思的……哦，对了，你还记得美琳吗？"为了阻止珍伍的继续提问，惠英以迅雷不及掩耳之势赶紧掏出一张王牌。

一张比威胁朝鲜半岛和平稳定的核武器更加掷地有声的王牌——珍伍的前任女友。

"谁？"珍伍一开口就后悔了，这样的回答无疑是此地无银三百两。珍伍开始后悔自己搬了块大石头往自己脚上砸下去，"装什么装啊？傻子都听得出来的谎话怎么就从我嘴里冒出来了呢？一起念了四年大学能不认识吗？哦，对了！惠英有个学妹也是我们学校毕业的。"

珍伍感觉到一阵寒意袭来，挠着后背的手力度忽然加大后又立刻减弱。

惠英不自觉地用力挠了挠珍伍的后背,但她马上便发现自己的失态,于是赶忙将挠珍伍的力气转移到抓自己大腿的那只手上。惠英想尽力掩饰自己的心情,对于珍伍的谎言报以嘻嘻一笑,可无奈实在是挤不出笑容来。

"反正也无心对他的过去追根究底。我这么爱他……但是,就是因为这么爱他,反正无论他的过去怎样,我也不可能揪着不放,肯定是会原谅他的,而且他应该也不会生气的,要不我再'逼问逼问'？说不定还能问出些什么好玩的呢! 大家都睁一只眼闭一只眼,当做是游戏好了。可是……这样做好像又不太好,他也知道我的学妹跟他是同学校的,而且她跟我还经常有联系。要不我哄哄他,这件事就这么算了？"

惠英一下子就联想到了政治——政治真不是个容易的东西,不是谁都能驾驭的,不过这东西还真有点让人上瘾。

珍伍觉得后背渐渐像针扎了一样火辣辣的,但却又不想开口让惠英别帮着挠背了,因为这个时候,相互对视的话,要管理好自己的表情,绝非易事。惠英的学妹肯定跟惠英说了我跟美琳交往过的那些事情,可到底她说了些什么？ 惠英又知道了多少呢？

"哦,对了,永植托我问候你。"珍伍若无其事地说出了惠英前男友的名字。

惠英一听,在心里暗暗地"哼"了一声。

握手言和。

自己和永植的过去,珍伍是了如指掌的。因为和永植分手的

时候,在旁安慰的便是珍伍。也正是因为珍伍从中调和,自己和永植重新成为朋友。

"嗯,我知道,前几天跟他通过一个电话。"惠英坦坦荡荡,略占上风,继而直接宣战:"你就直说了吧,你那点事儿我都知道。"

怎么就开战了呢?

……

惠英的手指从珍伍的后背直穿心脏。除了寒气,珍伍更是感受到了一阵钻心的痛。

现在珍伍的脑中除了一个想法之外,丝毫容纳不了其余的东西——"啊! 这到底是因谁而起的战争呢? 要不是我多嘴问了个敏感问题,也不至于出现现在这种尴尬的局面。说句实在的,我也不是故意要问这个问题的,可结果倒好,给自己挖了一座坟墓。该是作出选择的时候了,到底是坦白从宽呢? 还是抗拒到底呢? 难道要我坦白说以前跟美琳同居过? 虽然时间很短,但惠英不一定能接受这个事实。可是,要我骗她说只是牵牵手、拥拥抱、接接吻,也太让人心虚了,毕竟不知道惠英的学妹知道多少、又告诉她多少关于我和美琳的事情。"

惠英极力掩饰着自己内心汹涌澎湃的起伏。可是一想到刚才自己对珍伍宣战,正面冲突即将爆发,惠英便不由得胆战心惊,挠着大腿的手不断地加大力度,速度也逐渐加快,就像滚动的珠子一样,没有碰到墙壁绝不会停下来。

"我为什么问那个问题呢? "

惠英脑海中一个个问题如泉涌般不断冒出,随着头脑的快速运转,手也毫无意义地加快了挠腿的速度——"一点都不想知道珍伍的过去。都要结婚了,还去刨根问底了解对方的过去干什么

100

呢？根本没有这个必要！说出去的话就像泼出去的水，收也收不回来。问也就问了，可我还真不想知道他的答案。"

惠英知道，如果今天打打马虎眼随便糊弄过去，以后这种危机还会不断出现，直到双方都疲惫不堪为止。然而，自己期待的答案，并不是珍伍一五一十地将过往详细描述，而仅仅是告诉自己，他和美琳只是牵牵手的关系，就算是这样心照不宣的谎言，自己也就心满意足了。这样就可以有惊无险地化解了这场危机，给彼此留点面子。

沙沙沙！

房间里静得只剩下墙上时钟"滴滴答答"的响声和惠英挠痒的声音。

"没什么，就是认识的朋友而已。"珍伍深思熟虑之后，决定置诸死地而后生，硬着头皮撒下了个"弥天大谎"。

呼！惠英暗暗松了一口气，解除警报！珍伍的"谎言"这正是自己所期待、所需要的答案——"这下我就满足了。"然而一种莫名的好奇心油然而生——"珍伍的话是不是真的呢？两人真的就只是朋友？学妹分明跟我说过他们曾经是众所周知的校园情侣。"

看着惠英由放松到将信将疑的表情，珍伍心里开始七上八下，"惠英会相信我的话吗？她是在试探我的吗？她是不是已经都知道了？"看来这个玩笑开过火了。

就在这时候，惠英挠着大腿的手忽然停了下来。

是这条腿吗？

被永植甩了的那个夜晚，珍伍把手放在惠英的腿上，真挚地对惠英说："如果你能够接受我，我愿意爱你的一切，包括你伤心的过往……"

"没错！珍伍就是这样的男人。如果没有珍伍在身边陪伴度过那段灰色的日子，自己也许不可能这么轻易就走出失恋的阴

影,可能与永植从此成为陌路。可是时过境迁,自己竟然怀疑起珍伍,质疑他的过去?!真对不起,珍伍!"回忆让惠英倍感歉意。于是,她决定向珍伍抛去橄榄枝,让和平鸽自由飞翔。

惠英温柔地低声呼唤着:"珍伍。"丝毫没有一点攻击性。

"没错!"珍伍一跃而起,冲着惠英大声吼了起来:"没错没错!我们同居过!!我和美琳同居过!!!但只是很短的时间,跟你在一起之后我就彻底和她分手了。"

惠英有些不敢相信自己的耳朵:"同……同居?你们同居过?"顿时面无血色,浑身颤颤发抖。"我……因为跟永植接过一次吻,就内疚得觉得像欠了珍伍一辈子的情一样,总觉得要做些什么事情来补偿一样。可是,他竟然跟美琳同居过,而且还厚颜无耻地瞒了我这么长时间!"

珍伍这才知道其实惠英对自己的过往一无所知。

惠英这才知道其实自己已经跨过了忘川水,喝下了孟婆汤。

忘川之上奈何桥,奈何桥上回望天,实在奈何不能言,今生以尽无归路,唯向那边去……

珍伍和惠英这才知道打开了的香槟瓶塞是再也塞不回香槟酒瓶中的。

附笔(Postscript)

珍伍的后背挠着挠着破皮了流出了血,惠英的大腿挠着挠着也破了皮流了血。

珍伍与惠英解除了婚约。

解除婚约之后,惠英在好友面前号啕大哭:"你们以后就算吵架,也绝对不要帮着挠背。"

第 **3** 部

在甜蜜的地狱中幸存下来的法则
——工作时,犯下的错闯下的祸

身穿名牌套装,脚着高跟鞋……崭新的公文包,以为只要一毕业便可以成为人人羡慕的白领。

然而,现实与梦想距离十万八千里。

请问哪里有传授如何做好本职工作的辅导班?

与女人共事真辛苦——想在职场中受宠

哗啦啦……

巧克力和糖果掉了一地。

静美清澈的眼睛里噙满了泪水，似乎一眨眼睛泪水就会像断了线的珠子一样夺眶而出。所有的目光像聚光灯一样集中在了她的身上。

静美是爱公司的，而且公司也是爱静美的。

如同静美挂在嘴边的那句口头禅一样——

"我们公司就像大学里的社团一样，大家相亲相爱就像一家人一样。"

静美是家里的老幺，三个哥哥和父母像众星捧月般呵护着她。从小就是家里"小可爱"的她，有着一招能够把全世界都融化的"撒娇必杀技"。在家里，静美只要娇滴滴地发发嗲，就没有她过不了的关、办不成的事。

当然，静美还是有一定实力的。

上大学的时候对学分的精心管理，不放过任何一个可以学习和练习英语的机会，一有时间便涉猎各种各样的书籍以丰富自己的常识宝藏。这些都使得静美在当今就业难的情况下一毕业就轻而易举地进入到这个所有广告精英削尖了脑袋都想钻进来的广告界龙头企业。

静美不仅年轻、漂亮、可爱,而且还是个时尚的潮人。所以,视公司为家庭的静美理所当然地认为公司也是疼爱自己的。当然,她有这种想法也不无道理。

"吴静美小姐,这个广告方案不合适,你重新再做一个新的吧!"

静美感觉到真旭前辈说话的声音异常的冰冷。于是,她好不容易按捺住心里的委屈感,使出自己的必杀技——带着鼻音对真旭前辈撒娇道:"哪里出问题了?什么地方做得不好呢?"

"你自己做的还来问我?难道你没看出问题吗?一点创意都没有也能叫做广告方案?这种设计案根本就拿不出手。你从头到尾重新构思一遍,今天晚上另外做个设计案给我!不要耽误时间,现在马上就去做!"

静美满肚子的委屈,"重新做个设计案其实并不难。事实上,在提交设计案的时候自己也感觉到了设计案的不足。让我重新做一点问题都没有,但是就不能好好说吗?非得用这种冷冰冰的态度来说出这些伤人的话吗?而且还是在大庭广众之下。"仔细想来,真旭前辈好像还真不喜欢自己,每次动不动就给自己使脸色。

静美双肩不禁颤抖起来,她害怕自己哭出声来,用手捂住嘴巴,泪水顺着脸颊滴落到了办公桌上。

碰巧经过静美办公桌的崔科长开玩笑地对她说道:"哟!刘真旭代理,你怎么把我们组的'吉祥物'弄哭了呢?"

崔科长这一句暖进心窝的话如同催化剂一般,让静美倍感委屈和悲伤。双肩愈加不可收拾地抖动着,泪水顺着指缝无声地流下,止也止不住。

这时，静美公司内部聊天工具上的头像一个个不约而同地晃动了起来，给静美带来了如家人般温暖的安慰。

"小可爱，别哭了。再哭就不漂亮了。"

"真旭前辈欺负你了？"

"加油！我们的'吉祥物'吴静美！"

没错！我们公司就像一家人一样。

除了凶巴巴的真旭前辈！

静美抽出几张纸巾把脸上的泪水擦干，认真地思考了起来。

其实，静美把公司当做自己的家，把同事看做是带给自己温暖的家人，也不尽然全是她的错。

静美办公桌上有一个铺着格子布的小竹篮子，里面装满了各种不同味道、包装精巧的巧克力和糖果，让同事们可以在经过的时候解解馋或者在有点饥饿感的时候补充体力。同事们也总不忘在吃了糖果之后留给静美一句赞美——或是"我们善良的静美"，或是"好细心的静美"之类的话。作为报答，静美对她的小竹篮子格外关注，小竹篮子里永远是装满了香甜的美味和她的心意。

"吴静美小姐，你没忘了后天要交恋优食品新产品的 PT 吧？那个东西对我们公司很重要，你今天下班前把东西做好给我。我们要先检查研究一下。"像大哥一样的崔科长轻声细语地对静美说。

"哎呀！今晚跟朋友有约，好不容易大家才凑齐了的。"静美想到了今晚的聚会。

于是，静美娇媚地嘟了嘟嘴巴——这是静美从小到大惯用的撒娇必杀技之一，只要使出这一招，家人没有不缴械投降的，"崔科长，人家今天下班后有约，明天中午之前把广告案交给您不行吗？"静美甚至还动用了鼻音。

"哦……哦！那……那好吧。"静美的撒娇让崔科长始料不及，脸上瞬间闪过一丝困惑和疑虑。然而沉浸在胜利喜悦的静美丝毫没有觉察到崔科长表情的变化。

第二天，隔壁办公室的金恩惠科长找静美面谈。

"吴静美小姐，不要把公司里的前辈当做家里的大哥一样，做事要有分寸。"

静美每次遇到金恩惠科长的时候，总会在心里这样想道："这个金科长怎么一点都不时尚？穿着古板保守，连一件首饰都不戴。而且每天脸上的皮肤都是干巴巴的，最简单的淡妆也不化、眉毛也不整理。怪不得一点人气都没有呢！"

"男人们觉得静美小姐可爱漂亮，这点你我都明白，可这跟认同你这个人的工作能力是完全不同的两码事。现在你在公司里受到男同事的欢迎，大家都把你当做小妹妹一样看待，你可能会很享受这些待遇，但是以后说不定这些待遇会变成一把刀，重重地伤害到你。你以后肯定会后悔的，所以现在你要认真地想一想接下来该怎么做。"

一脸茫然的静美根本不能理解金恩惠科长的话，左思右想都想不通为什么金恩惠科长会突然找自己面谈，还说了这么一大堆不知所谓的话。

忽然，静美想到尽管金恩惠科长是隔壁办公室里唯一的女性，可谓是万绿丛中的一点红，可是却没有享受到像自己这样万千宠爱于一身的待遇，甚至连一点人气都没有。妒忌！肯定是妒忌！年华已逝的过气老女人对年轻貌美的受宠女人的妒忌！——静美得出了这样的结论。

同一办公室的同事们每天中午总是抢着请静美一起出去吃饭,晚上聚会的时候总最先给静美打电话:"静美小姐,在哪里呢?我们组的'吉祥物'怎么能不参加今晚的聚会呢?""我们的小可爱不来,聚会多没意思呀。"

每次大大小小的聚会中,静美都充当着可爱小妹妹的角色,这让她感受着、也享受着同事对自己的喜爱和呵护。

然而,最让静美感到不解的是,每次接到新的广告项目时,总是在所有的男同事都被分配完任务之后自己才接到工作安排。

真是件奇怪的事情!大家都这么喜欢静美,都觉得静美可爱,可是……

甚至有的时候,静美根本就不参加广告项目的工作,而只是在一旁协助别人的工作,帮其他同事打打下手。

尽管最近一段时间,为了争取到工作机会的静美一再动用自己的撒娇必杀技,频频向负责分配工作的组长发动攻势,但新的广告项目还是交给了自己旁边的闵浩负责。

办公室的前辈们似乎对闵浩并不热情,也基本没怎么请过他吃饭,聚会的时候也不是经常能见到他的身影。闵浩是属于那种默默无闻的类型。

"闵浩君,你重新再做个广告设计案。"依旧是真旭前辈冰冷的声音。闵浩接过真旭前辈递过来的设计案,默不作声地回到自己的座位,埋头重新设计方案。

静美越来越好奇——闵浩又不是特别的出色,也不是很受欢迎,可为什么每次公司接到新的或者重要广告项目的时候,他总能比自己先分配到任务?

几天后，长久以来困惑着静美的谜底终于被解开了。

外出办事归来的静美抱着一大包精心为同事们挑选的糖果走进公司大厅，碰巧听到了围成一圈、一边抽烟一边闲谈的同事们的对话。

"让吴静美小姐干点活真的比登天还难。"——这是凶巴巴的真旭前辈的声音。

"我就知道真旭前辈不喜欢我。"——这是静美听到的第一句关于自己的话。

"没错！大家一起工作一起受累，自己顾自己就已经够累的了，还要花心思来关心照顾她。"

"可爱倒是挺可爱的，但实在是太不方便了。动不动就流马尿，完了还得我们去哄她。有的时候说话语气重了点就生气，每次都嘟着个嘴，真是让人无所适从……我对我老婆都没这样。真不明白她到底是年纪小呢，还是不懂事呢?！"

"什么？这！这……这不是崔科长的声音吗？崔科长平时可不是这样对我的呀！"

"金恩惠科长，你找个机会好好跟静美小姐谈一谈吧！她要真想在公司里混下去，这点道理还是得懂的，怎么能那么没眼力见儿呢？不能总把自己当做孩子一样，动不动就要人来哄吧?！你们都是女人，好说话点。你就帮帮她吧。"

"金恩惠科长？"——静美屏住呼吸。

"好的，其实上次我找她谈过一次了。不过我看她是左耳进右耳出，一点都听不进去我的话。不过我看，说了也是白说。"

但是她并没有这样说。

"好吧！我看看什么时候合适，再找她谈一次。哦，对了，崔科长，这次新的广告项目正式让静美小姐也一起参加吧。毕竟这次这个项目是关于服装的。静美小姐年纪轻，对时尚的感觉好像还蛮不错的。给她个机会学学东西，别总让她打下手了。"

"嗯！可以考虑一下！不过，还真没有人愿意跟她一起做项目……大家都说不方便……刘代理，要不这次委屈一下你，你再带带她？"

大家七嘴八舌你一句我一句，句句刺痛着静美的心。

哗啦啦……

承载着静美心意的巧克力和糖果掉了一地。

静美清澈的眼睛里噙满了泪水，似乎一眨眼睛，泪水就会像断线的珠子一样夺眶而出。所有的目光像聚光灯一样全部集中在了她的身上。

这一次，静美根本就不希望有人像哥哥像姐姐一样围上来，轻轻地拍拍自己的后背，安慰自己。

因为职场不是家庭，因为上司不是哥哥，因为同事不是亲人！

附笔(Postscript)

职业女性经常犯的一个错误就是既想在工作上得到同事的认同，又想在公司里得到同事的喜爱。

然而，职场是工作的地方，并不是享受爱的地方。

爱，仅存在于私人空间。

美莱小姐的电影拍摄记
——适当地向对方妥协

电影首映式。

电影放映的一个多小时内，一股令人窒息的沉默笼罩在剧场内，坐在人群中的美莱也觉得自己有些喘不过气来。

电影终于结束了，人们纷纷起身，三三两两地离开剧场。

电影投资公司的薛功植代表走到美莱身边。

"郑美莱导演，你不应该把最好的电影展示在我们面前吗？"
——薛代表冷冷地说了一句让人浑身起鸡皮疙瘩的话。

其实，薛代表的话并没有错。在美莱看来，自己拍摄的这部电影并没有完全发挥出自己的实力，甚至应该说电影里找不到一丝自己的色彩，到处充斥着别人的身影。整部电影除了单调还是单调，平淡得如同一潭死水，没有一点高潮，也不能感受到创作人员的丝毫激情。"味同嚼蜡"四个字便可概括整部电影给人的全部感觉。

当大屏幕打出"导演：郑美莱"这几个字的瞬间，美莱有种想要偷偷把自己名字彻底抹掉的冲动。这分明是自己写的剧本，自己执导的影片，可出来的效果却一点自己的色彩都没有，根本像

是在看一部陌生的电影。

当剧本被通过并决定拍摄成电影的时候，制作公司的代表这样对美莱说："我跟河允澍接触过，他同意只要把剧本稍微改动一下，增加一些男主角的戏份，那他就有可能安排档期，过来帮我们拍这部电影。一旦他来演男一号，票房就会有保证，那么我们要拉到更多的赞助就不成问题了，不是吗？"

"可是这部电影是从女性的角度来讲述的，是关于女性心理历程的故事。如果剧本改成以男主角为中心的话，就失去了这部电影的本色。"——美莱默默地在心底抗议着，却不敢把话说出口。

美莱按照制作公司代表的意见修改了剧本，增加了男主角的戏份，减少了女主角在戏中的比重。

河允澍看完修改后的剧本，马上就点头答应出演美莱执导的电影，并提出了参与票房分红以及修改其中几场戏以增加更多自己戏份的要求，以至于整部电影看起来似乎是专为他设计的一般。

就这样，美莱做出了"第一次妥协"。

制作公司代表的话没错。

河允澍刚一点头答应出演这部戏，很多大公司便纷纷表示了投资的意向。尽管在美莱眼中，河允澍并不是自己这部电影男主角的最佳人选，但他确实是当今红遍半边天的偶像派巨星，有了他的参与，赞助、票房似乎就有了百分之五十的保证。

"投资方那边打来电话说不希望郑载筠出演'芸喜'这个角色，想重新找别的演员来演。"

　　由于河允澍的参演，女主角的戏份已经被删减了不少，但女主角"芸喜"是左右整部电影成败的关键人物。郑载筠的样貌、戏路以及气质都非常符合美莱心目中"芸喜"的形象，是女主角的最佳人选。从一开始写剧本的时候，美莱便把郑载筠当做是戏中女主角来进行创作的，甚至可以说，其中有好几场戏还是专门为郑载筠度身定做的。因此在女主角的选择上，美莱是绝对不允许自己向别人妥协的。

　　然而，美莱不敢轻易说出"不行"这两个简单却有力的字，取而代之的是"为什么"。

　　"郑载筠最近演的几部电视剧的收视率都极低。所以投资方一再强调，如果这部戏非要让郑载筠出演女一号的话，他们就收回所有投资。"

　　"这说的是人话吗？演技好，能够胜任剧中的角色不就行了吗？总不能因为一两次票房失败就把人家打入冷宫吧？"话到嘴边留一半，美莱压抑住心里的不满，小声地问道："那投资方那边有没有什么合适的人选呢？"

　　"他们倒也没有指定什么人，反正只要不是郑载筠就可以了。嗯……崔珊娅应该也能胜任这个角色吧，或者试试跟张敏英联系看看……"

　　于是，女主角的人选从郑载筠换成了张敏英——因为美莱担心由于自己对角色的坚持而导致双方谈判破裂、拍摄无法正常进行。

　　就这样，美莱向"自己的担忧"做出了妥协。

　　终于，电影开拍了。

从开机的那一刻开始，困难就没有离开过，一直围绕在美莱的身边。

无论是摄像机的角度、灯光照明、服装、还是演员的演技，没有一样是能让美莱感到满意的。在开拍之前，美莱脑海中已经对这部电影有了具体的构思。为了让现实的拍摄与自己的构思尽量接近，美莱反复地叫 NG，不断地重拍。

工作人员怨声载道，脸上逐渐显露出疲倦的神情。

美莱似乎已经能听到大家在自己背后指指点点："真是个脾气暴躁的新人导演。"尽管如此，美莱还是没能拍摄到能让自己心满意足的镜头。

尤其是河允澍的表演，那简直就毫无演技可言，表情不到位，不带任何感情色彩地背诵着台词。

虽然觉察到了大家的不满，但美莱仍坚持己见，在片场大声地喊着："再来一次！"

再来一次！

重新来一次！

再拍一次试试看！

河允澍朝着美莱走了过来，用一种不厌烦的口气对她说："郑导演，到底是哪里出了问题？要我们这样一次又一次地重拍？"

"难道你不知道是你的问题吗？你要深情一点，要温柔一点，看着女主角的时候要充满感情。你的角色是把所有的感情都掩埋在心底的，要通过眼神来表达。"——心里虽然这么怒吼着，但面对着河允澍这个所谓的"票房保证"，美莱却无法也不敢开口向他仔细说明自己的意图。

"不好意思，我们最后再拍一次试试看吧。"美莱小心翼翼地说着，生怕得罪了"票房保证"。

重新拍完这个镜头之后，美莱违心地喊出了"OK"。尽管美莱对这个镜头也不是很满意，但打心底觉得如果再不进入下一个镜头的拍摄，全体工作人员就像马上要罢工了一样。

这时，整个片场紧绷着的气氛终于变得轻松了一些，大家的脸上也露出了笑容。

"郑美莱导演真是个爽快的人！""工作认真效率高""郑导能认真听取别人的意见。"——就这样，美莱成了众人眼中的"大好人"。

也就是这样，美莱向"周边的评价"妥协了。

拍摄日复一日地继续着。

当影片接近杀青的时候，有一个难题摆在了美莱的面前。拍摄还未结束却已经超过了最初的预算，而更重要的是，决定整部戏效果的关键场景还没拍摄——在一个宽敞的国际机构大会议室里，任联合国大使的男主角在众人面前向当国际律师的女主角表白爱意。这也是整部电影的高潮部分。要拍摄这场戏，不仅需要租下整个大的会议场，购置许多小道具，还得动用大批临时演员，是一场花费较大的戏。

现在摆在美莱面前有两条路：一是另外寻找新的投资方追加投资；二是向现在的投资方提出增加投资额的要求。

美莱犹豫不决，因为没有人比她自己更加了解这场戏在整部电影中所体现的重要性。但是，她又担心给投资方留下一个"不善于管理预算的新人导演"的印象，这对于自己以后的导演生涯

来说,是相当不利的。而且在即将杀青的这个时候提出增加预算或者是重新找投资公司,一定会碰一鼻子灰回来。

于是,美莱放弃了摆在自己面前的两个选择,而改为重新修改剧本——把在宽敞大会议室里的表白改成了在狭小咖啡屋里的示爱。

美莱在更短的时间内,用当初十分之一的预算拍摄完成了整部电影中所谓的高潮部分。

"郑美莱导演真厉害,能够如此合理地利用预算。你是怎么能够顺利地做到的?"——出品人好像这样称赞美莱。

"郑美莱导演是个懂得取舍的人。"——摄影导演似乎如是评价美莱。

就这样,美莱向"自己的自尊心"妥协。

结束拍摄工作,电影进入后期制作。

负责剪辑工作的,是美莱大学的学长。

"郑导,这一段剪掉吧。"学长指的是美莱花了十分之一预算拍出来的所谓的高潮部分。

"这是什么呀?让人感觉虎头蛇尾,演员们也毫无演技可言。男女主角都是活跃在国际舞台上的人物,却突然在社区狭小、俗气的咖啡厅里相互表白,确认感情。既没有一点紧张感,也让人感动不起来,就跟白开水一样,淡而无味。"

"可是……学长,把这一段剪掉的话,整部电影好像就没有结局,不知所云了。"

"不过说真的,这段戏跟整部片的氛围格格不入,不剪掉反而破坏了电影的整体感觉。"

也许学长的话不是没有道理的。

其实，虽然这段戏是电影最重要的高潮部分，不过经费的缩减使得拍摄草草结束，这让美莱一直耿耿于怀，而且更重要的是，她有些担心电影上映后这段戏最后会成为大家嘲笑、网络恶搞的对象。

于是，美莱终于又一次妥协了——决定把这段高潮部分全部剪掉。

决定电影配乐的日子。

电影的筹备、拍摄和后期剪辑工作让美莱筋疲力尽，积聚的疲劳与压力使得她的身体不堪重负，浑身关节的酸痛和阵阵恶寒不断袭来。

"这里，男女主角在家里第一次见面聊天的这段……就这段，加上点舒缓的音乐吧。"

"不行！这段不能有任何音乐和声响。这里要让观众们听到男女主角的呼吸声。这表现的是沉默中的紧张感。您知道我的意思吧？"——这又仅仅是美莱心中的想法。

身体的不适、不断的让步妥协让美莱已经无力争辩："就按照您说的意思办吧。"

满身疲惫的美莱只想快点结束后期的制作，回家好好休整一下。极度的疲劳朝着美莱狂奔而来并紧紧地将她拥抱。

于是，美莱不得不向自己的身体状态妥协。

就这样，美莱的电影终于制作完成了。

然而，这样的电影可以当做是美莱执导的电影吗？

电影的首映式,美莱听到的关于电影的第一句话,竟然是——"郑美莱导演,你不应该把最好的电影展示在我们面前吗?"

没错,美莱在电影的制作过程中,并没有竭尽全力去坚持自己的意见,一次次地向各种客观的、外部的条件妥协,以至于展示在观众面前的并不是她曾经构想的那部"最好"的电影。每当遇到障碍物的时候,美莱总是轻易地向疑虑与担忧低头。其结果便是带来了不计其数、不断重复的"适当的妥协"。这也难怪美莱制作出的电影成了无人问津的鸡肋。

附笔(Postscript)

畏惧独自判断与承担责任,担心别人的目光,疲惫与倦怠,还有其他各种各样的理由,让我们最终做出种种"适当的妥协"。在关键的瞬间却选择了一条看起来最最简单、最最便捷的路,并且没有留下任何痕迹,就像在自己的电影中都找不到任何痕迹的美莱小姐一样。

这不是我待的地方？
——没找到下家便递出辞呈

金秀雅组长随手翻了翻茗姬刚交上来的网页设计委托案，"尹茗姬小姐，看来你得利用业余时间充实一下自己，让自己的设计更有创意。"金秀雅组长冷冰冰的声音像一条无形的鞭子抽打着茗姬的自尊心。

"好啊！组长！您真了不起！"茗姬也想用金秀雅那般冷冰冰的声音顶上一句。

"你做个给我看看，到底多有创意！"茗姬还想补上这一句。

茗姬咬着牙，不让已经到嘴边的话冒出口，强忍着把辞职信甩到金秀雅组长脸上的冲动。

不行！不能总这样遭人白眼让人看不起。再说了，我可不是为了让这个跟我年纪差不多的女人教训、为了看她的脸色而来到这个公司的。

下班后，晚上，茗姬与尚贤见面。

已经好久没有跟交往了六年的男朋友尚贤见面了。也许是因为白天在公司被组长教训了一通，心里空荡荡无着无落的缘故，一看到多日未见的尚贤，茗姬顿感安心温暖，尚贤也如同一座大山给了她一种可以依靠的感觉。

"我们交往已经很长时间了吧？" ——尚贤平淡无味地说。

这是，在跟我求婚吧?! ——茗姬心潮澎湃地想。

虽然没有戒指，没有蛋糕，也没有烟花，是个简单、平淡、毫无激情的求婚，但生活不就是平平淡淡、细水长流的吗？茗姬的心有些动摇。

"想要停靠，想寻找一个温暖的港湾，在这个男人身上。"

怎么偏偏就在被组长教训的今天，男朋友就向自己求婚了呢？这难道是命运的安排？上天冥冥中的注定？

尚贤的话分明是一种"信号"，是一种暗示。

第二天，对茗姬已经收到男朋友暗示一事毫无所知的金秀雅组长带着客户走进办公室，经过茗姬办公桌的时候，对茗姬说了一句："尹茗姬小姐，请给我们冲两杯咖啡过来。"

组长时不时会让茗姬干些冲咖啡、递文件的琐碎小事，这让茗姬的自尊心和忍耐力备受考验。因为茗姬是以优异的成绩击败了所有的应聘者，昂首阔步迈进公司大门的，是公司不可多得的网页设计师。而组长金秀雅却总把茗姬当做打杂的工人使唤。

这绝对不是茗姬想要的。

那么她想要的生活又是怎样的呢？

对了！从小到大，茗姬在"理想职业"一栏填写的总是——贤妻良母。

被遗忘已久的儿时梦想忽然出现在茗姬的脑海中，同时出现的还有昨天晚上尚贤有意无意间透露出来的求婚暗示。

茗姬一回到家便迫不及待地打开电脑写下了一封洋洋洒洒的辞职信。

"与相爱多年的男朋友尚贤牵手相伴下半生，专心做好他的贤内助。仔细想来，贤妻良母也是一种职业，家庭也是一个职场，难怪很多人都把婚姻当做一辈子的事业，精心呵护，用心经营。"一边想着，茗姬心潮澎湃，一边哼起了小调来。

第二天早上，当茗姬把辞职信递给金秀雅组长后，如释重负，一股无法言喻的快感从茗姬的每个毛孔中渗透出来。

许久，金秀雅组长终于开口了："那么……尹茗姬小姐以后有什么打算呢？"

"离开这里去寻找还未实现的梦想。"

金秀雅组长把茗姬从头到脚仔细地打量了一番，没有再说什么。

那天晚上，茗姬到尚贤公司门口等他下班。她拉着一脸愕然的尚贤来到了附近的咖啡屋。

"我今天递了辞职信。从今天开始我不用去上班了。"

尚贤脸色一沉，"你……你是在跟我开玩笑的吧？"

茗姬还沉醉在辞职的喜悦中："尚贤君，结婚吧，我们！"

"……"

尚贤脸上乌云密布，茗姬开始感觉到有些不对劲。

一阵沉默之后，茗姬战战兢兢地问道："昨天晚上，那个……你不是向我求婚了吗？"

尚贤依旧沉默，一句话也没有说。

一周以后，尚贤给茗姬发来一条短信提出分手——"我压根就没想到你会那么不负责任地说辞职就辞职。在这个举步维艰的社会，我想找一个可以跟我一起分担压力的女人。"

茗姬递出辞呈的时候，秀雅从头到脚把茗姬打量了一番。

因为秀雅似乎从茗姬的身上看到了七年前的自己。

没错！秀雅也曾经有过这样一段时期，如同茗姬一样，想要挣脱现实的束缚，想让自己自由地飞翔！

那个时候，秀雅把公司所有的一切都抛在脑后，整个人轻松得像插上了翅膀一样，随时都可以飞上天——七年前，秀雅把辞职信递给崔组长的那个时候。

崔组长，一个大肚便便，脸上无时无刻不冒着油花，时不时抛给女职员一两句腻味得倒胃口的话的家伙。

刚进公司的时候，秀雅也曾胸怀着当世界顶尖广告策划人的梦想，准备在公司大展拳脚，实现梦想。然而现实往往是不尽如人意的，一次次的碰壁让秀雅觉得自己微不足道、碌碌无为。

如家常便饭的加班使得秀雅的身体不堪重负，每次回家躺在床上发呆的时候，秀雅总情不自禁地想到：这个地方不是我要待的地方，我不属于这里。

"不是这里"的另外一个地方，那才是秀雅唯一想去的地方。

那天早上起床，不知为什么，秀雅的眼皮总沉甸甸地耷拉着，似乎就算用牙签支着也不管用。也许是因为沉重的眼皮，去公司上班的路上，秀雅的脚步也如同灌了铅一样沉重，想要去"其他地方"的想法史无前例地迫切了起来。

"没错！我要离开！我要去其他的地方！"

所以，就在那一天，秀雅帅气、果断地把辞职信摔在了崔组长面前。

那天，崔组长依然是油光满面，肚子大得就像要爆炸一样，戴着一条像是文具店里卖的廉价包装纸一样花纹的领带。

秀雅递上辞呈的时候，崔组长不解地看着她，问道："嗯！那你以后准备做什么呢？"

"离开这里去寻找还未实现的梦想。"

秀雅的回答亦是如此的潇洒帅气。

梦想！一个似乎早已远离秀雅现实生活的词语。

然而，就仅仅是一个星期的时间——递出辞呈后秀雅觉得幸福的时间。

在那个星期里面，秀雅把长久以来自己想要做的事情都逐一完成了。

到书店买来自己感兴趣的书，去美容院烫了个头发，到美术馆参观了书画展，到电影院看了场电影，与好朋友一起吃中午饭，和大学同学去喝下午茶，把之前想看却没时间看的电视剧通通下载到电脑里。

就这样，一周幸福的时间一晃而过。

曾经以为自己想做的事情堆积成山，然而全部都实现了也不过是一个星期的时间而已。而且，自己也不像从前那样迫切地想做那些事情。真是件奇怪的事情。

递出辞呈的那一天，曾经离自己那么近的梦想似乎一下子变得模糊而遥远。

要不学点什么？可是真要学点什么的话，最好还是出国留学。那要读个什么学位呢？硕士？还是博士？不过，真的是出国留学的话，学成归来我都老大不小了吧？再就业是个问题，结婚生子更是让人头痛！要出国的话，英语总得过关吧？就凭我现在

的水平，什么时候才能考过雅思、托福？毕业回来，我还去找个公司上班？太委屈了点吧？想进大学当教授，那竞争可不是一般的激烈，听说现在进大学当老师比登天还难。

要不，趁现在这个机会来个环球一周旅游？回来之后写本游记，说不定还能成为大卖的畅销书籍，那这样的话稿费和分红也是相当可观的。可是环游世界一周需要多少钱呢？应该是很大一笔吧？从上班到现在我存了多少钱来着？大概工作了一年多……哎！好像也没几个钱。就算是背包旅行也不能饿着肚子吧？上班的时候，各种聚会和压力，我的体力已经大不如前了……

要不然，自己开个小店赚点钱？开个书坊，既温馨优雅又给人感觉很知性。清闲的下午，坐在窗边，感受着阳光洒在身上的暖意，喝着醇香的咖啡，阅读各种不同的书籍……不过，手头上没钱，说什么也白搭！别说购置书籍、咖啡、餐具的资金了，就连租个巴掌大的地方来当店铺钱都不够。

那么，不用太多资金也可以开店的，应该就算是开网店了吧？其实，我对服装还是蛮有感觉的，要不跟老爸借点钱，在网上注册个网店卖卖衣服？但是，现在网店多如牛毛，要赚钱谈何容易？而且现在连大企业也来凑这个热闹，哎！

啊……可是……

我想做的事情到底是什么呢？

八个月无所事事之后，秀雅终于开始重新工作。崔组长打来电话，说接到一个新的广告项目，但是报酬不会很丰厚，问秀雅是否愿意当自由撰稿人，是否愿意接下这项工作。秀雅不假思索地答应了。半年多来，对未来的迷茫与懒散的梦想一直困惑着秀雅，所以当有一个可以改变现状的机会出现时，她毫不犹豫地选择了辛劳的现实，并且投入了无比的热情，努力地工作着。

奇怪的是，秀雅越是努力工作，剩余的时间似乎也越多，早起勤奋工作，使得秀雅不再浪费时间去无谓地空想、瞎想。

事实上，下个月，秀雅的第一本小说就要出版了。这是她利用早晨和周末的时间写成的小说。

在某一天，秀雅忽然想起自己遗忘已久的梦——儿时，秀雅在"理想职业"一栏填写的那个梦想是：作家。

……与尚贤分手已经一年半了。

没有找到工作，也没有新任男友的茗姬心想："也许自己仅仅是想要暂时躲避一下现实，逃离那些不得不去面对，却又让人压抑、厌烦、担忧的所有一切。"

其实，自己并不爱尚贤，只是，仅仅只是不愿意承认，不愿意破坏那种惯性而已。

附笔（Postscript）
想放弃这个东西，得到一个不同于这个的其他东西。
想离开这个地方，到达另外一个不同于这里的地方。
痛苦，
孤独，
思念，
我青春永远的铁三角。

崔胜子《我青春永远的……》

仅仅是能干就百无一失了吗？
——避开非正式小聚会

二十五岁的时候，妍茱应聘成功，正式步入职场生活。

在失业潮和就业难的双重冲击下，妍茱依然能脱颖而出，找到一个可以让自己大展拳脚、展示才华、实现梦想的地方。

关于英语学习——妍茱丝毫不敢放松，托业考试成绩超过了900分。

对于学分管理——妍茱心无旁骛，大学四年平均学分为3.9分。为了不在竞争中败下阵来，妍茱还利用假期的时间参加培训班学习了日语。

至于身材，妍茱更是分外用心。可能有人会问找工作跟身材有什么关系，成绩好，有能力不就行了吗？但妍茱并不这么想。妍茱担心，肥胖的身材会给人一种笨拙懒惰的印象，而且她还听说身材肥胖的人，尤其是女生，在求职时经常会遭到歧视，所以妍茱狠狠心咬咬牙减了八公斤。

对了，妍茱还花了三十万韩币参加了个人化妆培训班，因为她知道女人的外表也是其自身实力的一种表现。

如果说得再坦白一点的话，妍茱其实还简单地割了个双眼皮，稍微地隆了一下鼻子。

也就是说，为了找到一份满意的工作，妍茱还是付出了一定的努力和代价的。因为她已经全力以赴了。

最终面试的那天，面试官问道："你会喝酒吗？"

出乎意料的提问让妍茱或多或少有些紧张，所以她不自觉地提高了嗓音以掩饰自己的慌张。

"会不会喝酒很重要吗？"

然而，面试官却错把妍茱的慌张理解为自信，于是给了妍茱一个最高的分数。

妍茱就职的公司是一间名为"资本主义花朵"的广告公司。名牌大学广告专业的高才生，对广告的敏感，再加上与生俱来的创意和感性，也就是说妍茱应该是个很有实力的职员，在公司应该大有发展前途的。

进公司不久，公司就为新职员举行了欢迎仪式。迎新仪式典型的三部曲：晚饭在烤五花肉店内解决，然后去酒吧喝几杯，最后到歌厅开开嗓子吼几声。

在烤五花肉店吃饭的时候，坐在旁边的上司给妍茱倒酒。

烧酒清澈透亮。

妍茱优雅地拿起酒杯，等上司把酒杯倒满了之后，她又优雅地把酒杯重新放回到自己的面前，酒一口也不沾。一旁的上司看着妍茱的行为，满脸疑惑，问道："金妍茱小姐，你不会喝酒吗？"

妍茱抿着嘴笑了笑，说道："我不喜欢酒的气味。"

上司望着妍茱，脸上闪过一丝让人难以觉察的不满，然后提着酒瓶转移到隔壁桌去。不一会儿，上司所在的地方挤满了人，大家说说笑笑好不热闹。大家把杯换盏，你一杯我一杯喝了起来，

被围在中间的上司似乎在高谈阔论些什么。似乎是在讲很重要的东西,不过妍茱在一旁装作若无其事,不想掉架子过去凑热闹。因为她既不喜欢闻到酒的气味,不喜欢在人群中强颜欢笑。

只要有实力,工作出色不就行了吗? 这种聚会有什么重要的?!

在歌厅里,妍茱实在不能理解为什么那些男职员要大声吼着最新的流行歌曲,用力地、夸张地扭动着屁股,把领带解开绑在头上,甚至有的还跳到桌上,美其名曰活跃气氛。

于是,妍茱特立独行地选择了别人在这种场合不会唱的一首歌——一首类似于催眠曲一样的抒情歌,顿时包间内热火朝天的气氛像被浇上一盆冷水。

当她矜持地唱完歌,优雅地放下麦克风回到座位时,醉咧咧、满嘴喷着酒气的政轼凑了过来,他口齿已经有些不太清晰了,"金妍茱小姐,那边那个崔部长,知道吧? 那位是我们的靠山,靠山啊! 他可能马上就要晋升为组长了。虽然他看起来冷冰冰、不苟言笑,但很照顾手下的人。所以新进职员都很喜欢他。大家都认为他讲义气,是个性情中人!"

只要有实力,工作出色不就行了吗? 公司里需要讲什么义气? 又不是黑社会!

妍茱很想反问政轼,但话到嘴边咽了下去。

政轼也不管妍茱爱不爱听,自顾自地讲着:"还有,那边那个长得很漂亮的女人,她是曹匀景常务。虽然她年纪不大,但是真的很厉害! 刚开始大家都不太喜欢她,可是接触时间长了,没有一个人不佩服她的实力的。不过，你知道曹常务最不喜欢的是什么吗？你听了肯定会吓一大跳的！她最讨厌衣着老土没有品味的人。哎！女人啊……真是……"

妍茱一言不发，忽然感到一阵疲倦铺天盖地地袭来。

只要有实力，工作出色不就行了吗？有必要在这种聚会上浪费时间浪费精力吗？

妍茱猛地站了起来，转身离开！留下一堆疑惑与愕然在身后。

同事们纷纷议论："真的第一次看到这么没大没小的新职员。"当然，妍茱根本就不知道其他同事是怎样评价自己的，因为从迎新聚会之后，她就再也没有参加过任何的聚会。

三个月后，妍茱在项目说明会上重新遇到了曹匀景常务。妍茱正在紧锣密鼓地为项目说明会作最后的准备，曹匀景常务走了过来，从头到脚仔细地打量了一番忙得晕头转向的妍茱。

妍茱为了准备这个说明会，连续两天在公司通宵工作没有回过家，根本就顾不上换衣服。那时，她穿着一件白色的衬衣，外面套着洗得有些发白的黑色套装，粉紫色的丝袜配上咖啡色的厚底皮鞋。见到曹匀景常务朝自己走了过来，妍茱脸上露出了坦荡的笑容。

只要有实力，工作出色不就行了吗？

客户参加的项目说明会非常成功，妍茱的公司也不负众望地取得了广告制作权。然而，这个广告项目的最终负责人却不是妍茱，她甚至都没有被分配到任何的工作。

引领时尚潮流的购物中心广告,不能交由如此没有时尚品位、对潮流毫不敏感的职员负责,而曹匀景常务坚信品位是从日常的点滴中体现出来的,她的这个强力主张在每次大大小小的聚会上都会被提到。也许整个公司只有妍茱一人不知道,因为她从来都不参加公司任何的聚会。

男职员们经常聚在休息室,一边抽烟一边天南地北地闲聊,其实也不仅仅是男职员,跟妍茱一起进公司的芷淑虽然不抽烟,但也常常往休息室里跑,钻在男职员堆里凑热闹。妍茱怎么都想不明白,既然芷淑不抽烟,为什么还总偏偏选择男职员们在休息室抽烟的时候跑过去,一边吸二手烟一边喝咖啡。

有一次,也是仅有的一次,芷淑向妍茱提出一起去休息室喝咖啡。不过,妍茱优雅地回绝了她,并建议以后有机会一起找间雅静的咖啡屋喝咖啡。

啊!政轶也曾对妍茱说过,大家在那种场合一起分享信息,也交流和增进感情,让她也一同来参与。只是,妍茱又一次优雅地将他的建议拒之千里之外——"不好意思,我不抽烟的,而且我也不想吸别人的二手烟。"

从休息室短暂"聚会"后回到办公桌前的同事们偶尔冒出几句简短的话,妍茱再怎么绞尽脑汁也想不明白到底是什么意思,因为她根本就不知道前因后果,这些话对于她来说就是一些相互没有联系的单词。

"两个月后……""……破格晋升""……难得的机会……""资格条件……""英语面试……""国外……""特别严格"……妍茱偶尔听到同事们提起这些话语的时候,也会有些好奇,但却并不十分强烈地想知道他们在讲的到底是什么,更多的是为他们的浪费时间和虚度光阴而感到心寒。

两个月以后，公司颁布了正式的公告——关于海外进修的资格条件。

这是妍茱梦寐以求的海外进修机会。

可是，申请资格和条件比想象中的要棘手很多。于是，妍茱放弃此后所有的节假日和业余的休息时间，每天凌晨天未亮就赶去英语补习班上课，准备英语面试和各种书面材料。

然而，录取结果却出乎妍茱的意料，最终入选的职员是芷淑和政轼。

比妍茱早几个月就从烟雾缭绕的休息室里通过非正式渠道获得进修信息的芷淑和政轼，有了比妍茱更加充裕的时间来准备英语面试和各种进修所需的书面材料。

尽管如此，妍茱仍然对此一无所知也毫无觉察，只是想不透为什么平时英语实力大不如己的政轼能提交出一份比自己高出许多的英文成绩证明。

妍茱依旧是效率高、业绩好的实力派职员，她不会在休息室谈天说地浪费时间，也没在喝酒唱歌上耗尽精力和体力，是一名绝对的模范好职员。

但是，奇怪的是，妍茱负责的工作越来越少。

而那些时不时出现在休息室里喋喋不休、绝不错过任何聚会、每次都喝得烂醉、每天中午顾着与不同的人吃饭而过了午饭休息时间还不回办公室的同事，却一个接一个地获得了晋升的机会，只有妍茱一人独自依旧原地踏步。

崔部长成了崔组长，成为了对部下职员的人事考绩有着莫大

影响力的高层人物。

崔组长在年终评价中，给了妍茱很低的分数——这是除了妍茱之外整个公司都知道的事实。崔组长在妍茱的人事评价备注栏里这样写道：

"与同事关系不融洽，缺乏灵活性。"

难道，我们能说妍茱真的就是工作出色、有实力的职员吗？

附笔（Postscript）

一个实在看不过眼的女前辈找到妍茱，平静地对她说：大韩民国的职场存在着两种沟通方式——正式的沟通方式和非正式的沟通方式。

三三两两相约喝酒、围在一起抽烟都属于非正式的沟通，可偏偏在这些非正式的沟通场合中，经常能意外地、及时地获得许多有用的信息。

当然，这也是职场存在的一个难以解决的问题。

在传统观念中，喝酒、抽烟都是男人们的专利和领域，所以女人很容易被排挤在些活动之外，也导致了女人比较难以通过非正式沟通渠道获得有用的信息。

我跟你这么说，并不是要求你去学喝酒、抽烟，而是让你更灵活点，更有眼力见儿，就像狐仙一样。

你多放些心思在非正式的沟通渠道上就可以了。

不要孤立自己，不要排挤自己，也不要使自己成为非主流。

还要学会理解别人的处世方式，承认一些自己不喜欢的事情。

背后的闲话有如飞镖！——明知会自食其果，却仍在背后说人闲话

六顺 VS 二顺

六顺:你认识总务部的一顺小姐吧？她是个水性杨花的女人。

二顺:我的天啊！她怎么了？你怎么知道的？

六顺:我们公司前面十字路口不是有个叫×××的汽车旅馆吗？咱们公司好多人都看到她跟男人一起进去。

二顺:哎哟！我还以为有什么了不起的呢？现在的人跟男朋友一起去汽车旅馆已经不是什么新奇的事情了。大家都是成年人,你情我愿就可以了呀！

六顺:不是！每次都是跟不同的男人一起进去的。对了！一顺小姐最近不是换了部车吗？说不定是那些男人中谁给买的呢！

二顺:真的啊？一顺小姐长得那么漂亮,怎么说也得抬高身价呀！现在看来她真是只狐狸精啊！狐狸精！

六顺:说的也是。每次见到男人她就眯着眼睛笑,要多销魂有多销魂,要多妩媚有多妩媚。对了,二顺小姐,你身上的这件衣服在哪里买的？

二顺:哦?啊!这件衣服是前几天百货商店打折的时候,我咬咬牙下了很大决心买的。怎么?不好看吗?

六顺:不是,你穿着很合适,你肤色白,穿红色显得很好看。

六顺 VS 三顺

六顺:营业一部的二顺小姐,你最近见过没有?你不觉得她越来越土吗?

三顺:嗯……她确实穿衣打扮没什么品位。

六顺:那天她穿了件红色的连衣裙,说是不久前在百货商店打折的时候花大价钱买的。骗谁呢?说什么百货商店,一看就知道是上网淘来的便宜山寨货。

三顺:真的啊?穿山寨货这么掉价啊?

六顺:说的就是啊!什么都逃不过我的这双火眼金睛,虽然她一再强调那是在百货公司买的,但越是强调就越说明她心虚,摆明了就是此地无银三百两嘛!再说了,她真的土得掉渣,红色的连衣裙还配咖啡色的丝袜,真不知道是什么审美眼光。

三顺:哎哟哟哟,怎么回事啊,怎么这么个搭配法?除了土,我还真想不出用什么词来形容了。你不觉得她总故作清高吗?

六顺:没错没错!我第一次见到她就觉得她特别假。咦?三顺小姐,你怎么总看手表?有什么事情吗?

三顺:其实也没什么,我男朋友刚才打电话过来说今晚要见面,我总感觉跟平时有点不太一样……我想他可能是要跟我求婚。不过,我这个年纪,就这样结婚了,是不是有点太可惜了呢?我还不想为了一棵树放弃整片森林啦!哈哈,开玩笑的啦!

六顺:就是啊!三顺小姐年轻貌美,当然不愁找不到好男人结婚……今天晚上，你就委婉地拒绝你的男朋友吧，也别太伤他的自尊心了。呵呵呵……

六顺 VS 四顺

六顺：经理室的那个三顺小姐，她迟早会被她男朋友甩了。

四顺：你说什么？为什么这么说？前几天她不还见人就说自己快要结婚了吗？

六顺：结什么结呀？前几天我碰到她，说了不到十分钟的话，就短短的十分钟不到的时间，她看手表都不止看了一百遍。

四顺：看手表又怎么了？

六顺：哎哟！你都没看到当时她那战战兢兢的样子，好像是她男朋友有点摇摆不定吧。你还不知道吧？她男朋友家里很有钱的，但是三顺小姐家里好像很一般，门不当户不对的。而且，说实在的，三顺小姐长得也不怎么样，没什么本钱的！

四顺：也别这么说！三顺小姐长得还是可以的。

六顺：哎哟！真没想到四顺小姐你竟然这么有包容心。说真的，我都觉得她那脸都没法看。还不是全靠化妆?！而且，就她那身材，哎哟！完全就是一个国际飞机场！我都不忍心看。

四顺：是吗？

六顺：当然！你都没看到那天她坐立不安、动不动就看手表的样子，一看就知道她心里早就预感到男朋友要提出分手了。不过，看她那样子，看着还真觉得挺可怜的。

四顺：说的也是。

六顺：四顺小姐，你最近在减肥吗？脸色看起来不太好。

四顺：是吗？看起来很瘦吗？我也不是故意要减肥的……也

不知道为什么,可能是最近晚上总是失眠的缘故吧……

六顺 VS 五顺

六顺:营业二部的四顺小姐好像是便秘。

五顺:哎哟! 你怎么连这事都知道啊?

六顺:那天在过道遇到她,那脸色,真是一看就知道憋了很久的样子! 而且,也不知道是胖了还是肿了,整个肚子就像要爆炸了一样鼓起来了。

五顺:四顺小姐原来就有点丰满。

六顺:哎哟! 你说话真好听。她那是有点丰满吗? 她那是膘肥体壮。

五顺:是吗? 她那样就算是膘肥体壮了? 不会吧?

六顺:谁说的,她真的挺胖的。你仔细观察一下。依我看,她得减减肥了。

五顺:你这么一说,我倒是想起来了,四顺小姐还真是总不在座位上。是因为便秘所以经常上厕所的缘故吗?

六顺:经常不在座位上? 每次离开不少于三十分钟吧? 你看,我没说错吧! 如果不是严重的便秘,那就是……

五顺:那就是什么?

六顺:难道是痔疮? 嗯! 有可能是痔疮。

五顺:哎哟! 前辈,你怎么说这样的话呀,呵呵呵!

六顺:怎么了,我又没有瞎掰乱扯。

五顺:那倒也是。

六顺:哦,对了,五顺小姐,有没有找到跟这次新项目相关的资料?

五顺:这个……我倒没有专门去找那方面的资料。

六顺 VS 一顺

六顺:市场部的那个五顺小姐,哎! 架子真大,我这老前辈还真使唤不动她。

一顺:哎哟,怎么了?

六顺:你也知道的,我是五顺的前辈。

一顺:这我知道。

六顺:我就是随便问了句她那边有没有什么跟这次新项目相关的资料,想借来看看,结果你猜怎么着? 她竟然瞪大了眼睛瞅着我,气急败坏地对我大吼,问我干吗要问她要新项目的资料? 还说又不是我的秘书,凭什么指使她干这干那的。

一顺:真的? 我的天啊!

六顺:我当时都懵了,都不知道该说什么了。她手头上没有资料就直说没有呗,干吗对我大吼大叫? 你都没看到当时的情况,哎! 真是……真没想到她那么傲慢无礼。圆睁着眼睛,气冲冲地对我说"我这里没有你要的资料"。我真是无语了……

一顺:真的呀? 怎么回事呀? 不过话说回来,她挺傲的,好像一直都是这么目中无人的。

六顺:你这话什么意思?

一顺:啊! 她刚进公司的时候,对前辈非常没有礼貌,以至于前辈们还开会来讨论这件事情呢。现在的新进职员见到前辈连招呼都不打的。

六顺:哎哟哟! 真的呀? 不过也难怪,她何止不跟前辈们打招呼啊!

一顺：反正也不只是五顺小姐才那样，他们那批一起进来的新职员都那样，一个个恨不得眼睛都长在头顶上……

六顺：哎呀！肯定是五顺小姐把那帮新职员给带坏的。

一顺：对了，六顺前辈，你好像越活越年轻了。是不是有什么家传的秘诀啊？

六顺：哪有什么秘诀呀？也就是不要有压力，吃得好睡得香，心态年轻了，人也就年轻了。

二顺 VS 一顺

一顺：行政组那个六顺大妈，你知道吧？！整天不知臊地在那里装嫩，还真以为自己是什么十几二十岁的小姑娘啊！

二顺：你说的是那个大饼脸？哎哟！真丢人！那个大饼脸阿姨脸皮是有点厚。

一顺：是吧？那大妈到底多大年纪呀？瞧她穿的那些衣服，想暴露也别那么出格呀……我都替她不好意思。

二顺：大饼脸阿姨原来的穿衣风格就那样！喜欢袒胸露背的，喜欢金光闪闪的，喜欢颜色鲜艳的，反正怎么花枝招展就怎么穿，怎么惹人注目就怎么穿，也不想想别人的感受。

一顺：算了吧！那种知道照顾别人感受的人还会去招惹都可以当自己儿子的男人吗？

二顺：天啊！你说什么？

一顺：难道你没听说吗？那个大饼脸阿姨可喜欢营业部的尚羽君了，对他可好了。帮他冲咖啡，还给他办公桌上的花瓶插上鲜花，哎，这种事情不计其数，都不知道怎么跟你讲……

二顺：真的啊？你说的是那个白白净净，穿衣服很有品位的

138

尚羽君吗？

一顺：哎哟！咱们公司除了他，还有哪个尚羽君啊！？

二顺：我的天啊！我受不了了！大饼脸真是丢人、丢人、太丢人了！

一顺：你知道她跟我说什么吗？她说自己没有压力，吃得好睡得香，心态很年轻，所以看起来比自己的年龄还要年轻好几岁。我听了，真是无语了！

二顺：那也不是没可能的。那个大饼脸，其实也还蛮单纯的。对了，一顺小姐，你今晚下班后有时间吗？

一顺：哦？哦……我今晚有约……

二顺：啊……是吗？（可是……怎么这么吞吞吐吐的呢？一顺小姐，是不是今晚又要跟哪个男人去汽车旅馆啊？）

附笔（Postscript）

就像食物链一样，闲话也是一环接一环没完没了。

除非有人先站出来剪断这个闲话链。

只要稍作忍耐……
——故作清高而错失良机

风和日丽的星期天下午，为了使备受压力困扰的心灵和身体得到释放，"白领丽人们"把聚会地点定在汗蒸洗浴中心，决定在那里度过一周一次的"神吹海聊"时间。

烤鸡蛋和甜酒酿是每次大吐苦水时的必备物品。

"该死的，我怎么都笑不出来！"

朋友中以脱口便能脏话连篇而出名的颖恩刚一坐下就开始发起了牢骚。

"部长总让我帮他做一些他自己分内的事情。我已经帮过他一次了！上次我帮他写的报告得到了组长的称赞，事后他竟然一点表示都没有，连一碗炸酱面都不请我吃！窝囊没能力的家伙！这次又是让我帮他做事。我真想一把抓起他的假发，用剪刀剪个稀里哗啦的！"

"哎哟！！你连那是假发都知道啊？怎么看出来的？"

"一看就知道的呀！哪有人头发长的地方每天都不一样的。"

"哦！原来是这样啊！话说回来，后来你怎么办了呢？"

"我还能怎么办？人在屋檐下不得不低头。把活儿接了呗。

我在他手下干活，我还能说不干不成？但说真的，我看到他，怎么也笑不出来。就那样接过他递给我的文件夹，瞪了他一眼。他自己心里也着急，所以就算知道我不满，也什么都没说，当做没看见。"

"可一般都是活干完之后才出现问题的吧？"

"说的就是！这次交上去的报告书又是得到了一致的好评。金部长那个大秃瓢，这次又是让我干活而自己去领头功。不过，最让我无语的是，这次晋升的机会他又给了别人，又是故意把我挤掉。这样说吧，就算我说我们组的活儿都是我一人干的，那也绝对不过分！所以我一看到晋升的名单之后，我立刻就去办公室找那个大秃瓢，这次我要是再不说点什么，就得憋死了，我又不是哑巴。哼！真是老虎不发威，就当是我 HELLO KITTY 了？！"

"对！对！你做的没错！你去办公室把他的假发给扯下来撕掉也解气啊！不过……假发撕得掉吗？"

"你们猜他跟我说什么。他说：'哎哟！手下的人这么凶，我以后还怎么敢让你们干活？组里的活儿我自己一人干了得了。'然后还对我说：'颖恩小姐，你会不会笑啊？'说什么跟我共事两年，一次都没见我笑过。还说什么我没入选晋升名单的原因就是因为我不会笑。我的天啊，我长这么大，还是第一次听到这种落选理由的！"

"我的天啊……"

"你们就没见我笑过吗？"——颖恩的话音刚落，朋友们不约而同地都愣住了。

"看过。啊……当然看过了！你那么爱笑……"

颖恩听完，拿起冰凉的甜酒酿一饮而尽，"啊！我的牙！难道

是时候去看牙了？"

"嗯！去趟牙科吧！牙疼不是病，疼起来真要命！你还是找个时间赶紧去看看牙吧。"

"说真的，我也知道自己每次见到那个大秃瓢，就没好脸色。看到他那张脸，我没把前一天吃的东西都吐出来就不错了。要早知道每天卑躬屈膝、奴颜媚笑能换来升职的机会，再怎么难受我也都忍着，拼命给他露笑脸！不过话说回来，我见到他还真就笑不出来。"

颖恩手里的烤鸡蛋被捏得"咯吱咯吱"直响。

"哎！笑一笑能怎样？那才是真正的生存之道。"

曦瑄有气无力地说着。

她是国内著名电视台电视剧制作中心的监制。

"有这么一个地方叫做'他们生活的世界'。那里的百姓一般是监制、作家、演员、剧组人员还有经纪人，我就是那里的一个平头小百姓。"

"哈哈哈哈！玄彬、宋慧乔、张东健也是那里的百姓了？那国王是谁？"

曦瑄一脸严肃地继续着："重要的是，在那个'他们生活的世界'里，游戏规则也是一样的。无论你心里再怎么生气再怎么受不了，绝对不能表现出来，脸上一定要时刻保持着笑容，那才是真正的生存之道。"

"当你都快被气死的时候，你还怎么能笑得出来？"颖恩反驳道。

"前段时间，公司一个前辈得到了一个执导迷你连续剧的机会，当红实力派巨星 K 也答应加盟演出。那是我特别喜欢、特别敬佩的一个前辈，大家都说她遇到了千载难逢的好机会，马上就要飞黄腾达了呢。"

"然后呢？"

"但是，在开拍的前几天，事情突然发生了意想不到的转变。实力派巨星 K 突然提出了 N 多稀奇古怪、超级不像话的要求。抬高片酬也就算了，最离奇的是他还规定在片场 NG 不能超过多少次。说什么自己是称霸业界的电视剧大王，如果 NG 太多次的话，自己会很没面子什么的。导演不满意演员的表演，当然可以随时叫 NG，哪有演员不让导演重拍的呀？"

"哦哦哦……K 真的那么耍大牌啊？"

"我那个前辈也很有性格，就在电视剧开拍的前一天，突然宣布自己无法跟 K 那样耍大牌的演员合作。然后重新选了一个不知道那个犄角旮旯里冒出来的新人来主演这部戏，而且还因此推迟了开拍的时间。当时看起来真是酷毙了帅呆了！我们大家都鼓掌称好，说她为我们监制人赢得了自尊，换人是明智的选择。"

"那部电视剧叫什么名字？"

"《可惜啊，缘分！》"

"哦？什么？没听说过这部片。"

"嗯……那部电视剧后来根本就没人看，完全是一败涂地。而那个前辈到现在都一直在家待着，什么活也接不到。被我的前辈'弃用'的巨星 K 接拍了其他电视台的电视剧，而且大获成功。那部片就是你们前段时间都在追的《瞬间的选择》。"

"哇！《瞬间的选择》？！你刚刚说的是前段时间热播的《瞬间的选择》？我的天啊！那里面 K 帅得不得了，迷死人了！而且

听说收视率创了纪录,都到40%了。"

"没错。大家在电视上看到了酷毙了的K,可是忍受不了K的前辈只能是在'他们生活的世界'里暂时地帅气一下,然后就销声匿迹了。"曦瑄悲壮地说。

"帅!真的很帅!但是,那仅仅是一瞬间短暂的帅!"
"然而,耻辱却是永远的。"

如果当时前辈忍一时风平浪静,与K合作,那退一步就不只是海阔天空了。估计现在跟她合作的都是大牌巨星,拍的都是最热播的电视剧。

"所以,该笑的时候还是笑一笑。"

"没错,又不是要你豁出去干什么,只是短暂地忍受一下而已。"

一直在旁一言不发吃着鸡蛋的珉敬忽然开口说道:"我要说的可能跟你们的有点风马牛不相及。哎!你们也知道,我们公司超保守的。张口闭口都问'你有没有男朋友呀?''怎么还不结婚呀?'之类的话,你只要回答还没结婚或者还没男朋友,他们肯定就接着说'是不是你眼光太高了?'什么的。烦死了!好像没有男人的女人就是缺胳膊少腿的大怪物一样。我有没有男朋友,结不结婚跟他们有什么关系?真是咸吃萝卜淡操心!"

"说的就是!你们公司还真保守。不过说真的,大韩民国所有的公司都一样。"

"不断有人问我这些问题,我都快要烦死了。可后来,我的一个客户,这个客户跟我关系很好,而且还蛮照顾我的,他突然问我有没有男朋友,那天我也不知道哪里短路、缺了哪条筋,竟然就跟他说我已经有在交往的人了。"

"你……不是已经饿了三年了吗？"

"没错！饿死了！我都饿得前胸贴后背了！你们也知道的呀！可是我就是不想让他觉得我很可怜、很寒碜，那样很伤自尊的嘛！可是当我跟他说有男朋友的时候，他竟然有些失望，后来他告诉我，其实他是想把他的侄子介绍给我，他侄子条件很不错的。"

"啊啊啊……"大家都替珉敬感到惋惜。

"其实我当时有点预感不能骗他我有男朋友的，但话说出口就收不回来了。他一听我有男朋友，就马上问我有没有认识什么不错的女孩，要介绍给他侄子。"

"啊啊啊……你别告诉我你……"

"哎！没错！秀英……你们都认识吧？"

"啊啊啊！！！"大家摇着头大吼了起来！

"我悔得肠子都青了！你们就别说什么了！没办法，那天我想到的人也就只有秀英！"

"那上次秀英婚礼……她旁边……那个大帅哥……就是……你刚才说的客户的侄子？差点就跟你……哎！缘分啊！"

"没错！秀英的新郎就是我客户的侄子！"珉敬都快哭了。

"大妈！多来一盘烤鸡蛋！"

"珉敬，来！你就把甜酒酿当做酒干一杯吧！"

"我是目中无人的天下第一傲慢女。"

顶着黑眼圈的贞恩满脸沮丧，活像只还没睡醒的大熊猫。

贞恩是四个朋友中长得最漂亮的，因此她也最讨厌人家单凭

她靓丽的外表而低估了她的实力。在读大学的时候她就非常用功，毕业后以优异的成绩考进了证券公司。

"领导让我当公司平面广告的模特。"

"哎哟！美妞！人长得漂亮，有什么好事就都找你了。"

"但是被我一口拒绝了。"

"哎呀！为什么呀？"

"还能为什么？我是在证券公司做证券业务的，又不是进去当模特的。利用长得漂亮的女职员做广告，这不就是性商品化吗？又不是像金泰熙、李英爱那样的正式拍广告，他们就是要我拿着一张写着新基金名称的硬纸板拍张照片，然后把照片挂在公司大厅和各个营业厅。这种事多丢人呀?!看起来多廉价呀！"贞恩叹了一口气。

"没想到我会这么后悔。"

"我刚一拒绝，跟我同时进公司的一个女同事立刻就主动请缨。当时我也没多想，就说'你想拍就你拍呗'。可没想到，那个广告反应特别好，所以不仅是公司内部，现在连移动电视都有我们公司拍的那个平面广告。真没想到啊！"

"你……你说的该不会是这次轰动全城的 A 证券公司广告？广告里面的那个女孩是你同事？我刚开始还以为是哪里选秀出来的新人呢！看起来很清纯，也很知性……"

"没错，就是她！我拒绝了拍广告的提案，整个公司的人都觉得我是目中无人的天下第一傲慢女！而她成了公司里的明日之星。我们老总看了那个广告后也特别喜欢，所以公司里在盛传老总准备明年破格提升她。"

贞恩气得浑身发抖，紧紧地握住手里的烤鸡蛋。

咯吱咯吱！——鸡蛋被捏碎的声音。

"哎……早知道这样，当初他们让你拍平面广告的时候，你就应该一口答应了。"

贞恩，眼里闪着泪光："说的就是啊！"

附笔（Postscript）

在汗蒸洗浴中心吃完一大盘烤鸡蛋后，她们得出这样一个结论——有的时候，卑躬屈膝也是一种能力。

短暂的耻辱，长久的光荣。

在需要的时候休息，在想离开的时候出发——过于小心谨慎而徒然浪费的休假

那一天又如期而至。

日历上用红色圆珠笔圈出来的那一天。

那一天，是每 28 天一个循环，尹科长"大姨妈"到访的日子。

既要担心让人冷汗淋漓、手足厥冷的痛经；又要担心一不小心衣服上沾染上让人尴尬的颜色；如果在大热天，还要担心不知不觉之中散发出来的令人不快的气味。

伴随着"大姨妈"一起从天而降的所有担忧……每隔 28 天都这样困扰着尹科长。

看来需要寻求法律的帮助。

生活在强调以法治国的大韩民国，尹科长想通过法律法规来保障自己的权益——法律规定她每个月有一天生理休假。

尹科长有些忐忑不安地坐在办公桌的电脑前，点击进入公司内部的网站，在休假申请一栏上找到了"生理休假"，一点击，画面弹出了一个窗口。

是否申请生理休假？

申请／放弃

申请！

申请？

眼睛直勾勾地盯着电脑屏幕，尹科长轻易不敢点下"申请"键，陷入了深深的纠结之中。

尹科长的休假申请得由朴组长批准。

几天前，与尹科长一起吃中午饭的时候，朴组长把隔壁组休产假的郑组长臭骂了一顿。

"女人们真幸福！休完婚假之后就休产假，然后还有育儿津贴、育儿休假……哦！现在倒好，还来了个生理休假。男人们累死累活，最后得到的就只有老婆的唠叨。这真是……哎！"

尹科长望着朴组长泛着油光的脸和青蛙肚，想起前段时间听说到的朴组长以前曾经疯狂追求过郑组长的传闻。

"反正，我今天的结论就是女人们一点专业精神都没有，一点敬业精神都没有！"

虽然自己并不同意朴组长幼稚的、怯懦的男性优越主义结论，但尹科长却感觉申请生理休假正好验证了朴组长口中所说的专业和敬业精神不足。

尹科长无暇顾及恋爱，结婚对她而言更是遥远的梦想，她把所有的时间和精力都投入到工作中，这也使得她比一同进入公司的其他职员更早晋升为科长。当然，尹科长也知道同事们因此非常嫉妒她，尤其是坐在旁边的金代理。

"生理休假充其量也就是一天。虽然只能休一天假，但是说不定我不在公司的这一天，会给金代理提供一个超越我的绝好的机会。"尹科长忽然胡思乱想，毫无意义地担心起来。

从前天开始，尹科长脸上就冒出了一堆生理期的信号弹——小痘

痘。尽管尹科长上班前刻意抹了厚厚的一层粉底和遮瑕膏来掩盖，但还是被金代理一眼识穿，他皮笑肉不笑地盯着尹科长的脸看了许久。

"尹科长，你大姨妈来看你啦？"

金代理，你也知道什么是大姨妈？

尹科长盯着电脑屏幕上弹出的窗口，心里一直犹豫着。

是否申请生理休假？

申请 / 放弃

放弃？

放弃！

尹科长最终还是点击了"放弃"键。并不断地提醒自己"下班回家的路上一定要记得到药店买镇痛药。"

啪啪……

海浪轻轻地拍打着沙滩。

金代理站在酒店宽敞明亮的房间内，透过大大的落地窗望着平静蔚蓝的大海，伸手推开阳台的门，深深地吸了一口清新的空气，一股凉透心扉的空气瞬间渗入身体的每一个毛孔。虽然现在还没有交往的女朋友，但金代理已经暗下决心——以后要在这个地方跟女朋友求婚，因为他想应该没有一个女人能够在这样一种令人心旷神怡的地方拒绝求婚的。

"我应该坚持不懈地到健身房运动，锻炼出像 Rain 和权相宇那样的巧克力腹肌，这样看起来才更帅点，才能和这个地方相衬。"看着浩瀚的大海，金代理忽然有了这样一个奇怪的想法。

也许是因为这种正面积极的开拓精神，金代理对这次的升职满怀信心，整个人身心都极度放松。

"所以，休假就是幸福啊！让人脱胎换骨！"金代理独自感叹着。

"金代理！"

坐在旁边的尹科长那令人神经突然紧张的尖锐声音刺激了金代理的耳膜。

"上个季度的业绩报告是你负责的吧？就只有这么多吗？后天就是公司的业绩报告会了！"尹科长神经质地猛地一下站起来，朝金代理走了过来。

"这老魔女！"金代理心里暗暗骂了一句。

金代理见状赶紧移动鼠标，关掉正在看的电脑屏幕。

其实，尹科长朝金代理走来的时候，金代理正在考虑是否申请夏天休假。

是否申请夏天休假？

申请 / 放弃

申请？啊……放弃！

金代理依依不舍地点击了"放弃"，电脑画面上的窗口随即消失。随之消失的，还有蔚蓝的天空，浩瀚的大海和凉爽的海风。爱情的约定，甜蜜的休假，还有女友的笑脸，全部也无声无息地挥挥手，不舍地离去。

"等一下，业绩报告一定要我来写吗？这是我分内的事吗？"金代理忽然觉得很委屈。

尹科长讨厌金代理，但喜欢朴代理。

朴代理比金代理年轻、帅气，但这并不是尹科长喜欢他的主要原因。尹科长喜欢朴代理是因为他机灵能干，每次都能及时、令人满意地完成任务。虽然比金代理晚进公司三年，但在尹科长看来，朴代理不仅比金代理聪明三倍以上，工作效率、工作态度、

待人处世都要比金代理好上几十甚至是几百倍。

朴代理脸上带着一贯的温厚笑容，拿着整理完的资料朝尹科长走来。

尹科长不满地瞥了一下金代理，"刚才还坐在电脑前发呆，一要你干活就在那里嘟嘟囔囔，难怪每次晋升名单里都没你的份！"

"哎，要是大家工作起来都能像政植君这样按时高效，我就省心多了。"刚刚吞下一颗镇痛药的尹科长温和地望着朴代理，脸上露出了亲切的笑容。

"谢谢您的夸奖。"朴代理客气地道了声谢。

这时尹科长用一种夸张的语气说道："朴代理，你的皮肤一直都是这么黑的吗？小麦色的皮肤看起来很健康，好有男人味哦！"

"啊！这次休假的时候，我去济州岛冲浪了！"

"冲……冲浪？什么时候去的？我怎么不知道？"

"就是这个夏天休假呀。"

"休……休假？朴代理你已经休过假了？"

"上上个星期我休了假，去了趟济州岛，难道您不知道吗？"

没错！我确实不知道！

尹科长竟然不知道自己最喜欢的部下已经度完假回来了。因为，如此聪明能干的朴政植代理即使整整休了一个星期的假不在，整个部门也能正常运转，根本就不会因为他一个人休假而出现任何问题。

度假就是这样子的，只有度完假回来的人才明白其中的乐趣。

结果，那天，金代理加班重新写了一份业绩报告。下半夜，拖着疲惫得像根腌葱一样的身躯下班的金代理在回家的路上做出了一个决定——"哎！我受不了了！我才不管尹科长怎么想,也不理明天的业绩报告会结果怎样,我一定要去度假,一定要好好休息一段时间。"

这边,下班后,又吞下一粒镇痛药的尹科长,坐下来静静地反省。

非得我在公司指挥一切的傲慢心理——公司多我一个不多,少我一个不少,没有我在,公司也能照常运行。

别人会用怎样一种眼光看我的担忧——庸人自扰！我休不休假,其他的人根本就不知道。况且这是我自己的人生,我也不必那么在意其他人的眼光。

尹科长骤然醒悟——批准休假的,根本不是别人,而是自己……

于是,尹科长做出了一个决定:哎！我不管那么多了！下周我一定要出去度假。那时候生理周期也结束了,业绩报告会也开完了,我要彻底地让自己轻松一番。

附笔(Postscript)

尹科长和金代理各自度了一个长达一周的假期。

就如猫与狗一样格格不入的两个人,竟然像是事先约好了一样,在同一时间申请了休假,在同一时间离开公司去度假。

当然,也正是因此,彼此做梦都没有想到对方会申请休假不在公司。

尹科长在南海一个海景酒店度过了梦幻般的一周;金代理到东南亚享受日出日落、海上运动。

或许是休假让这两人的心情轻松,度完假回来后,两人的关系竟然有了极大的改善,偶尔还相约一起吃饭喝酒。

啊！对了！最后,想跟大家说的是,尹科长与金代理不在公司的一周里,公司所有的一切照常运行,正常得不能再正常了。

我们是F4——淹没在厌恶的事情之中、笼罩在压抑的氛围之内

由曹达洙(47岁,男)组长,以及河真九(35岁,男)、尹夏英(31岁,女)、李民浩(28岁,男)四人组成的营业一课是公司中大名鼎鼎、无人不知、无人不晓的男女混合F4。

但是,他们被称为F4,并不是因为他们长得像流星花园里的帅哥美女,也不是Flower的缩略,而是Fast4的简称,即进入酒吧还没等服务生把下酒菜送上来,他们就已经迅速干掉四瓶烧酒的高速灌酒列车——Fast4。

因此,他们是自认,同时也是公司内部公认的酒鬼。尽管在公司的体育大会时,他们在接力赛上是一贯的倒数第一,但在庆祝酒会上却能以四扳倒十四,可谓在酒的战场上,他们是一夫当关万夫莫开,是名副其实的高速灌酒列车。

公司创立以来最彪悍的酒桌杀手。

金理事直言,任何酒席,只要带上他们四个,就没有什么可怕的了。朴理事认为,任何聚会,只要他们四个在场,绝对不会有冷场的可能性。

而去年新进公司的职员却为此而递交了辞呈,离开的时候淡淡了说了句:"与其捧着金饭碗天天跟着他们一起拼酒,把身体废了,还不如辞职当个日日为饭碗担忧的个体户。"

今天，是所有工薪族从星期一就开始翘首企盼的日子——星期五。

按照营业一课平时的习惯，下班后应该是大家一起出去喝一杯，然后再各自回家，然而今天大家看起来不是满怀心事，就是有点委靡不振，聚在一起喝酒的可能性似乎微乎其微。究其原因，是上个星期灌酒列车超速、过度行驶的缘故。

星期二、星期三、星期四连续三天疯狂地超速行进。

星期二，为了庆祝推进中的项目大获成功而举杯狂欢。

星期三，乐极生悲，忽然传来项目被取消的消息，大家心情一落千丈而一醉解千愁。

星期四，为了振奋精神从头开始而聚集一堂。

虽然，这三次聚会都点了不少下酒菜，可是 F4 总会在下酒菜上桌之前就消灭掉四瓶烧酒。当然，F4 也并不会一个星期里面喝三次酒就可以轻易放过星期五的聚会，但今晚，大家确实都有些"难言之隐"。

"今天绝对不能再去喝酒了。"

曹达洙组长摇了摇昏昏沉沉的脑袋自言自语道。

连续三天都只记得自己走进酒吧，至于什么时候、怎么从酒吧出来、最后怎么回到家里，达洙却一无所知。

股票！资本主义的花朵——一朵带刺的鲜艳玫瑰！

他被这朵娇艳欲滴的玫瑰刺伤了，其实远不止刺伤的程度，确切地说，应该是被这朵鲜花割得浑身伤痕累累。虽然公司盛传他将被扫地出门，可曹组长却对此嗤之以鼻。

孩子们已经长大，到了该上学读书的年龄；妻子三番四次地暗示该送孩子出国留学了，似乎很希望达洙做一个时下流行的

"候鸟爸爸"①,因为周遭的朋友早已将孩子们送到国外去学外语了,自己也不能落后于别人;达洙也早知现在已经没有所谓的摔不破的铁饭碗了;上周朋友突然住院,好像是得了……哎!其实达洙心里有数,想要能够从容地应对这些大大小小不同的危机,唯一的解决办法就是钱!

是钱!就是钱!Money! Money!虽然钱不是万能的,但没有钱却是万万不能的。衣食住行没有不需要用到钱的地方,坐着、走着、躺着,达洙无时无刻不在思考着赚钱的方法。房地产、储蓄、欺诈、抢劫银行、福利彩票,形形色色的赚钱方法不时地像肥皂泡一样在达洙脑海里冒出来。最终,达洙选择了股票,想要在股海一展身手。

当然,这并不是达洙第一次染指股市。曾经有一次达洙瞒着妻子偷偷进行了投资,结果一下子赚了52万韩币。其实自从那次之后,达洙就有点自鸣得意,总觉得自己在股票投资方面有些天赋。

"逢低买入,逢高卖出。"

关注信息面,综合分析一下大盘指标、成本指标、成交量指标、成交价指标、背离指标,然后就是买进卖出,世上难道还有比这更容易的事情吗?瞬间赚钱的快感不时地刺激着达洙,让他回味无穷。于是,他借钱炒股。

价格上涨!上涨!上涨!

现在是时候吗?该不该把手头上的股票卖出呢?

不,要不再等会儿?再等一小会儿?说不定还会再涨点!

达洙的第六感告诉他现在已经到了最高价了,是时候把股票卖出去了,要不然的话会把自己的肠子都悔青了的——"快点!

---

① 在韩国指独自在国内赚钱,供孩子出国留学和妻子出国陪读的男人。

赶紧操作,点击卖出!"

然而,当达洙打起精神准备操作的时候,股价已经一落千丈。

"那个时候就应该果断地把股票卖出去的! 真不该那么优柔寡断! 哎!! ……"

结果,星期天达洙一个人到酒吧喝闷酒,喝到酩酊大醉,脚下划着十字回到家中。

星期一,又是一醉方休。

星期二,为了庆祝推进中的项目大获成功而举杯狂欢。

星期三,乐极生悲,忽然传来项目被取消的消息,大家心情一落千丈而一醉解千愁。

星期四,为了振奋精神从头开始而聚集一堂。

"今天绝对不能再去喝酒了! 一定要打起精神出现在老婆面前求饶,今天再不坦白,估计这辈子就不可能得到什么可以从宽的机会了! 老婆,求求你,手下留情,毫无痛苦地处死我吧!"

真九斜眼偷偷瞄了瞄达洙,稍稍地缩了缩脖子,似乎想把自己隐藏在办公桌下。

"难道……今天下班后又要去喝酒?"

真九想起早上出门前儿子在自己耳边说的那句话:"我讨厌爸爸!"

真九还真真切切地记得五年前儿子出生那一刻自己的那份感动。即使只是望着儿子,眼泪也会忍不住掉下来。

"儿子出生带来的那种感动是打开一瓶醇正的路易十三也无法比拟的。如果有人问,世界上最有价值的事情是什么? 我会毫

不犹豫地回答是生儿育女。虽然养育儿女是件辛苦的事情，不仅花费大量的金钱，还要投资无数的时间和精力，然而，儿女带来的喜悦和满足感却远比自己的付出多出千万倍。如果没有孩子，我们夫妻还能像现在这样一直在一起吗？"真九在夜深人静的时候常常这样想。

这是真九无比宝贝的儿子，是真九的命根子。

这个星期一是儿子五岁的生日，真九是真心实意想为儿子庆祝生日。

但是，仅仅是二十分钟的时间！二十分钟是真九能够忍耐的最大限度！儿子动不动就又哭又闹……

结果儿子生日的这一天，真九与住在同一小区的公司同事聚在一起喝酒狂欢，在儿子不知情、不在场的情况下独自为儿子庆祝了生日。在喝得不省人事之前，真九脑海中忽然闪过这样一个念头——"这样喝下去肯定会后悔的"。

真九醉醺醺地回到家，看到儿子因等不到自己而带着泪珠入睡的样子，他心里暗暗下决心"明天一定要帮儿子补办个小小的生日会……"

星期二，为了庆祝推进中的项目大获成功而举杯狂欢。

星期三，乐极生悲，忽然传来项目被取消的消息，大家心情一落千丈而一醉解千愁。

星期四，为了振奋精神从头开始而聚集一堂。

如果今天下班后不能按时回家，估计生气的就不仅仅是儿子了，妻子也会气得拿着一把锋利的大砍刀等在家门口。今天一定要早点回家，一定要！

尹夏英坐在办公椅上，身子慢慢地往后挪动，希望自己可以像即时通信工具上的头像一样隐身，不被别人发现自己的踪影。

"你们这些家伙下班后该不会又说要去喝酒吧？"

对于号称"自由酒神"的尹夏英来说，有一样东西是她最为顾忌的，那就是皮肤。夏英自知自己没有沉鱼落雁、闭月羞花的姿色，但一直以来都颇受周围男人们的青睐。当然，也有人说夏英之所以受到男人们的欢迎，是因为她在酒桌上的豪爽。

夏英战无不胜的酒力就像一把双刃剑。最初大赞夏英"能喝酒的女人真潇洒，我喜欢！"，但到后来觉得她"太可怕了，千杯不醉！"，在决定性瞬间失望的男人不在少数。

然而，夏英的魅力不在于千杯不醉的酒力，而是晶莹剔透、吹弹可破的皮肤。

尹夏英肤如凝脂！那绝对是白里透红、天生丽质的皮肤。

不过，最近夏英发现皮肤开始有些起义反抗的征兆。于是夏英双管齐下，除了每天敷面膜增加皮肤的营养之外，还买了不少改善皮肤状况的补品。尽管这样，皮肤还是不见好转。

其实，皆因上个星期夏英在酒桌上的快马加鞭、不断驰骋。

四天连续泡在酒缸里，本应让身体休息一下……然而，整个星期没有一天不跟酒精亲密接触的。

多年来夏英心里一直没有放下初恋朦胧的情愫。确切地说，应该是暗恋的情愫。

那小子上个星期天终于结婚了。夏英虽然心里明白那个仪表堂堂、风流潇洒的小子绝不可能没有女朋友，但上个月见面的时候，那小子压根都没提起过自己的女朋友，更没说到这么快就要结婚的事情。

夏英有种强烈的、被人背叛的感觉，也有种在毫无防备的情况下后背被刺了一刀的感觉。上次见面，两人还手牵手走了一段路。

当时他把夏英送到家门口的时候，他试探性地问了问："要不去你家喝杯咖啡再走？"可夏英怕破坏了自己一直以来保持的矜持的形象，被认为是一个水性杨花的女人，就在门口委婉地拒绝了他。而如今夏英却后悔当初没有一边打开门一边问他："你是喜欢美式黑咖啡还是喜欢卡布奇诺？"

于是，星期天的婚宴上，夏英独自一人喝下了三瓶烧酒。

星期一，死党美淑禁不住夏英的软磨硬泡答应陪她一醉方休，两人偷偷把一瓶伏特加带进了歌厅对酒当歌。

星期二，为了庆祝推进中的项目大获成功而举杯狂欢。

星期三，乐极生悲，忽然传来项目被取消的消息，大家心情一落千丈而一醉解千愁。

星期四，为了振奋精神从头开始而聚集一堂。

终于，皮肤忍不住发动了政变。

今天绝对不能再去喝酒了。

我要让皮肤知道，我是爱它的！

民浩假装打了打哈欠，机警地用眼睛迅速地瞥了一下四周，想把握一下办公室的气氛。

"该把烟戒了！酒也应该戒了，不，应该是少喝点。"

前几天的体检报告出来了，民浩拿着报告的手微微地发抖。体检报告中清楚地指出肝功能受损——谷丙转氨酶、谷草转氨酶、甘油三酯等好多指数都是超标的；血压偏高，大肠中也发现了息肉等。仔细想想，自己似乎已经出现了将军肚的趋势，与此相比，胳膊和腿显得不合比例的纤细。

难道青春就是一瞬间的回忆吗？年少时，自己健硕的身材不时招来他人艳羡的目光，而今，婚还没结，甚至连女朋友都还不见踪影，却已经开始挺着个将军肚……

全都是那家伙的错！自从进了营业一课，就如鱼得水，不！应该说是自从进了营业一课，自己就像是个酒精中毒者一样每天握着酒瓶过日子。

顿时，民浩觉得周遭的人都是眼中钉、肉中刺，平白无故地怨恨起周围的人来。

这不是我想要的生活，我也是一个有希望、有梦想的人。

然而，这个星期……

星期二，为了庆祝推进中的项目大获成功而举杯狂欢。

星期三，乐极生悲，忽然传来项目被取消的消息，大家心情一落千丈而一醉解千愁。

星期四，为了振奋精神从头开始而聚集一堂。

民浩忽然想站起来大声呼喊："我不喝酒了！"

没错，既然已经下了决心，那么就应该坚持到底！

要与酒精和烟草做斗争，消灭将军肚，捍卫身体的健康！

从今天开始，绝对不再喝酒了！

沉浸在自己思想世界里的李民浩猛地站了起来，就在这个时候，曹达洙忽然开口："大家下班吧！今天时间差不多了。"

办公室里所有的人头脑中都有一个共同的想法，那就是——今天绝对不要再喝酒了。

就在这个时候！

"下班后一起去喝一杯？"

（啊！我这到底是怎么了？怎么习惯性地就冒出这么句话来？本来应该说"今天就不聚了，大家各自回家吧"的呀！！！）

整个世界瞬间寂静无声。

"组长！这还用说吗？都是老规矩了！"——（儿子啊，你老爸我为了养家糊口，不得不这么阿谀奉迎。）

"好啊！要不就喝一杯？"——（今天的聚会上，我一定要发表我的戒酒宣言。没错，我得跟大家表明立场，这是组织生活的基本态度嘛！）

"对哦！今天是星期五，哪有就这么回家的呀！?"——（没错，职场生活里，被孤立起来的那种压力其实不亚于酒精对皮肤的危害。宁可喝几杯然后回家补做面膜、吃补品，也不能被人孤立。）

"当然，我们是一个组的嘛！当然要集体行动了！"——（老婆，我明天再坦白！就给我多一点时间让我酝酿一下情绪。您就再多等一些时候，到时任由您处置。）

"来！大家干一杯！"

F4举杯一饮而尽！其实大家心里都明白——这分明是一件让人后悔的事情！

附笔(Postscript)

有的时候，因看着别人的眼色行事而失去提出反对意见的勇气；遵循着老规矩做事，虽然心里千百个不愿意但还是硬着头皮坚持。但是如果身边的人其实跟你有着同样的想法呢？如果所有的人都极度不愿意，却又不得不亦步亦趋呢？

现在，请你站起来，理直气壮地喊出自己的想法："我反对！"

第**4**部

人生的春天终究会到来的吧
——人生路上，犯下的错闯下的祸

    所器重的离我远去，所等待的不曾到来，而接踵
而来的却是自己所不期盼的。

    人生为什么总给我留下这样的作业？

    为什么年复一年，我依然惶恐徘徊？

有舍才能有得……
——不愿丢掉任何东西的我

"今天要穿什么呢？"她站在被塞得满满当当的衣橱前自言自语。

男人们总觉得不可理解，即使衣橱里已经连再塞下一条手帕的空间都没有了，女人们每次出门前还总唠叨着没衣服穿——女人的衣橱永远少一件衣服。

她忽然想起三年前买的那件紫色的衬衫，那是一件穿起来能给人清秀雅致印象的衣服。

"对了，当时试穿的时候，镇硕还说挺漂亮的呢。"

她的前男友镇硕，在说完上面这句话不久，便跟她提出了分手。

"你太执著了！"——分手的时候，镇硕这么对她说。

"执著？我？你说我执著？你倒是说说看，我到底对什么执著了？"她又哭又闹，抱着镇硕的裤腿不放，企图用尽全身的力气来挽回这段感情。

"你自己好好反省反省吧！"不久前才盛赞她穿紫色衬衫好看的镇硕留下这样一句话后便一去不回头。

连续翻找了衣橱内的三个抽屉，那件紫色的衬衫依旧不见踪影。翻找衣服的大幅度动作使得放在衣橱搁板上的一个大箱子掉了下来，着实把她吓得魂飞魄散。这时，她意外地发现了许多久违而且早已被遗忘了的衣服——两件发黄褪色的白衬衫、大学庆典活动时发的 T 恤(还有三件哪去了呢？)、初中时穿过的红豆色运动服(高中的运动服又让我放在哪里了呢？)。

这时,她还稀里糊涂地找到了一件黄色的衬衫,于是决定今天上班的时候穿着这件刚找到的黄色衬衫去上班。

"这衣服是什么时候买的？我怎么一点印象都没有？当时我是怎么想的,怎么会买一件这种颜色的衣服？不过要扔掉也挺可惜,今天就再多穿一天,然后扔掉。嗯……今天下班回来得来次大扫除了,好久都没整理了,把该扔掉的东西扔掉……"她自言自语,决定放弃翻找那件紫色的衬衫——似乎找到那件紫色的衬衫就可以让与镇硕逝去的恋情重新回到自己身边似的。

"闲置的东西太多,以致于要找需要的东西时什么都找不到。"——虽然她不时也会这样抱怨,但真正进行大扫除的时候,却什么都不舍得扔掉。

或许她自己也是知道的,不舍得扔掉任何东西终究会让自己后悔的,而且今天早上就是后悔的时候。

下班后,她开始整理衣橱。

腰围 32 英寸的牛仔裤!

五年前,她依靠暴饮暴食战胜了失恋的痛苦。虽然在精神上她胜利了,但在肉体上她却体验到了横向发展的后遗症——所有的衣物都不再合适,眼前这条 32 英寸的牛仔裤正是见证了那段时期的纪念品。

现在她的腰围是 28 英寸。刚把牛仔裤抽出来的手忽然停住了,"万一……虽然这种事情应该不会再发生了,但万一我要是再

胖到像以前那样的话，岂不是没有可以穿的衣服了？"

"难道你还想重现当年魁梧的身姿？"心里另一个声音响起。

"不是，当然不是！但人生在世，很多东西都不是绝对的，还有很多事情是我们意想不到的呀！"

为了防备突然之间长胖而没有衣服穿，这件大号牛仔裤先KEEP！

高中的运动服！

"这件就真的可以扔掉了，肯定是永远也没有机会再穿这件衣服了。"她一边想，一边果断地把运动服抽了出来。刚要挥手一扔的时候，所有的动作像被按了暂停键一样停止了——忽然，她想起了高中时暗恋的体育老师。

当年青春懵懂的她只要一穿上这件运动服就总是心如撞鹿。她暗恋的体育老师，有着健硕的身材、少年般迷人的微笑……

这件运动服是唯一能够让人回忆起体育老师、回味起当年忐忑朦胧初恋的纪念品，于是还得先 KEEP 了再说！

露肩的红色 T 恤。

三年前路过百货商店时发现橱窗里陈列的露肩红色 T 恤很抢眼很漂亮，于是她不管三七二十一刷卡买了下来。然而到手了之后却一直没能找到机会把它穿出去。虽然这件衣服价格不菲，但是每次在镜子前穿上它的时候，她都深切地感受到这件衣服的颜色和设计根本就不属于自己的风格。尽管多次尝试，但每一次都是以放弃而告终……OK，这件就果断地扔了！

"不！等一等！这件衣服可是一次都没有穿过的、全新的呀！

几年来一次都没有穿过的！就这么扔掉太可惜了，还是找个机会穿一次再扔了吧！总得让它见一次光再死吧，要不它也太冤了。会有机会的！ KEEP！"

黑色旧皮鞋。

皮鞋前面的装饰不仅土气而且整个款式已经过时了，这是双她嫌弃已久的皮鞋了，其实买的时候她也并不是特别的满意。

既然不喜欢不满意，为什么还要买呢？

说的也是！不过话说回来，人生在世，哪有样样事情都满意的呀？有的时候也会买上一两件自己不喜欢的衣服，有的时候也会穿上一两双自己不喜欢的皮鞋。

"尽管自己不喜欢这双鞋，但也穿了不短的时间，而且鞋跟也换了好几次了，算是穿够本了，是时候扔掉了。就这么决定了！扔了！"她下定决心。

"等等！很多场合都要穿到黑色皮鞋的……嗯……比如穿上黑色套装的时候，就要配上一双黑色皮鞋。比如奔丧的时候，就应该穿着黑色的皮鞋，还比如突然之间需要穿上黑色皮鞋的时候……留一双备用也不错。"

没错！这双皮鞋就留作以备不时之需吧。又一次选择了 KEEP！

又旧又土的内衣裤。

跟镇硕谈恋爱的时候，她没少在内衣裤上做投资。不过和镇硕分手之后，她没在意自己的内衣裤已经很长时间了……

"对！又旧又土的内衣裤，离我远去吧！明天我就去买些最新款的蕾丝内衣裤，把抽屉都装满……"

"哦？等有了新男朋友再买最新款的内衣裤也不迟啊！现在穿得再漂亮也没人知道没人欣赏。反正破旧的内衣裤穿在里面，除了我自己，还能有谁知道呢？现在花大价钱购置内衣裤，那就算是浪费了，还不如拿那些钱买几件像样的外衣呢。"她总有办法说服自己。

她决定将这些又旧又土的内衣裤要一直穿到下一任男朋友出现为止。

这些又旧又土的内衣裤也 KEEP！

尽管——

等到她再次发胖的时候，估计她已经很难想起衣橱中还有一条散发着樟脑丸味道、已经过时了的 32 英寸腰围的牛仔裤；就算她的运动服作为一份遥远的记忆在衣橱内与灰尘一起永远地占据着一个位置，她与当年那个年轻的体育老师也绝不可能成为恋人（其实，当时体育老师也已经结婚了）；黑色的旧皮鞋也不仅仅是作为不时之需或者奔丧的时候穿，而是会成为她上班装备之一，这又会成为公司女职员们的一个谈资；又旧又土的破内衣裤也必将成为她新恋情的拦路虎（如若某一天，她遇到一个令她心动的男人，两人在约会的时候出现了"万一"的情况，她不得不蜷缩着身子心不甘情不愿地拒绝他）。

但是——

无奈，她是个舍不得扔掉任何东西的女人。

接下来整理书桌！

已经注销了的账户。

她手里拿着一本银行存折，嘴角露出一丝微笑。想当年读大学的时候，每个月打工赚到的零花钱都是存在这本存折里的。每次拿到工资之后，先解决完出行问题——买地铁月票，往交通卡里充值；然后再跟大学时期那个鸭屁股男朋友一起开开荤，吃顿好的。

存折是对当年大学生活的记录，是一段难以忘怀的回忆。回忆是不能丢弃的，回忆是要用来珍藏的。

咦？这是装什么的箱子呢？

学生时代的名牌卡和胸章。

呵呵！初中时候的名牌卡是黄色的。当年戴上这个名牌卡之后，就开始在练习册上学写英文字母了。箱子的下部存放的是她第一次学写英文字母时用的已经泛黄的小笔记本，上面歪歪扭扭、密密麻麻地写着英文字母；还有从幼儿园时就开始写的 20 多本日记，整整齐齐地摆放着。她放下手头上的整理工作，花了两个多小时慢慢地阅读起小时候的日记，并在最后以一种难舍难分的心情决定永远地保管这些记录了自己成长轨迹的日记本。

无法辨别用途的铁制品。

然而，她决定留住这些无法辨认出处、无法辨别用途的铁制品，因为家里什么地方出现故障的时候或许能够用得上。

掉落的纽扣。

她想，不知道什么时候，什么颜色的衣服上会掉了一颗不知道什么颜色、什么样子的纽扣，所以这些纽扣还是得留下来，说不定到时候还能派上大用场。

塞满整个抽屉的信件。

真没想到,大学时期跟鸭屁股男朋友竟然有这么多的书信往来。

"那时候我们真的很单纯。"她一边自言自语,一边干脆在沙发上坐了下来仔细回味当年的恋情。

最后听到的关于他的消息是,得益于日趋发达的美发技术,他从金毛狮王摇身一变成为了头发飘逸的文艺青年,而且还跟一个比她漂亮好几倍的女人结了婚。"似乎没有必要保存已经成为别人老公的男人当年写来的情书吧?!"刚想撕掉这些来往信件的她,手忽然停了下来,"可这些信件是过往美好回忆的见证……尤其是每封信最后的署名'爱你的唐老鸭♥',虽然幼稚,现在看起来让人鸡皮疙瘩掉一地,但当年却是暖到心窝的话语。"

没错,这些都是青春的回忆,都应该被永远地珍藏起来。为我曾经的豆蔻年华干杯!

抽屉里面似乎有什么东西发出了轻轻地"啪啦"一声响。

她伸手进去摸索了一番,发现是一个细如丝的戒指。这是当时镇硕用一分一毫积攒起来的钱给她买的生日礼物。

"啊!那时的镇硕真的好可爱,好用心!而且戒指虽然细,但毕竟是纯金的。"

还有……说来也奇怪,早晨出门前怎么都找不到的紫色衬衫竟然被塞在抽屉的最里面。她使劲拉出来一看皱巴巴的。衬衫为什么不是乖乖地待在衣橱里,而跑到书桌抽屉里来凑热闹,到目前为止这还是个不解之谜。但她并不想费心思去解开这个谜底,而是想尽早把这件穿起来给人以秀雅斯文印象的紫色衬衣送去干洗,以便下周可以穿去上班。

为了应对那些所谓的"万一……的时候",她今天什么东西都没有扔掉,只是把所有的东西翻出来看了一遍又再重新放回去而已。

没办法，她是个舍不得扔掉任何东西的女人。

她站在书架前面，小学初中高中的课本、当时的各种参考书籍、大学时期的课堂笔记、大学教材、伟人自传、各种资料集……

似乎眼前的这些书都应该处理掉了。

"书架以后再整理吧！"

还没有动手开始整理，她就先举手投降了。

或许某一天，她会突然想要穿几年前买的粉红色丝袜，但任凭怎么翻找，都无法找到那双丝袜的时候，可能她才会又一次地埋怨起这次什么都没有扔掉的大扫除。然而，最应该埋怨的，不正是她对应该舍弃的东西的那份过度的谨慎与担忧吗？

镇硕的话说得没错。

她是个执著的女人。

附笔（Postscript）

有舍才能有得，旧的不去新的不来。

不舍得扔掉旧的东西，就没有空间存放新的东西。

她没能找到新恋情，或许真正的原因就是她不愿舍弃前段恋爱的褪色记忆和破旧不堪的内衣。

衣橱中不愿舍弃的为发胖时准备的衣服，暗示着她还有再次发胖的可能。

房间角落里堆积着的对过去的执著与迷恋，使得她无法跳跃至新的生活。

尽管她是担心后悔才保留着所有的一切，然而……

她把冰激凌吃了个底朝天
——减肥期间的暴饮暴食

一大桶家庭装的冰激凌终于被茵雅吃了个精光，之后她决定开始节食减肥。不过，在此之前，她还是把家里所有的剩饭加上冰箱里的各种泡菜装在不锈钢盆里，舀上一大勺辣椒酱，滴上一些芝麻油，做成一份超大分量的拌饭一扫而光。

茵雅几天来连续放声大哭，眼睛已经肿得跟核桃一样大了。她已经记不清上一次洗头是什么时候的事情了，头发都黏糊糊地贴在头皮上。而身上穿的旧T恤早已被洗得变了形，下身的运动裤也像是专门定做的一样紧紧地粘在腿上。

"真像电视剧里的女主角！"茵雅自我感觉似乎还不错。

电视剧里的女主角在跟男朋友分手之后，难道不都是用家里的大不锈钢盆拌一大份饭吃下去，或者吞下整桶的冰激凌吗？

祉煦出人意料地送来了一份残忍的离别宣言，于是，茵雅的身份立即转变为电视剧里面的悲情女主角。

往下！往下！再往下！坠落！坠落！再坠落！茵雅一蹬腿感觉脚尖接触到什么东西，低头一看，发现自己脚趾所感觉到的……是"地板"，自己再也没有可以往下坠的地方了。既然已经到底了，那就应该重新跃起。该发泄的已经发泄了，该放弃的也已经放弃了，现在应该是从头开始新生活的时候了。

没错！现在正是开始节食减肥的好时机！

"我有别的女人了！"祉煦冷冰冰地说道，愈加让人感觉到残忍，"我们分手吧。放手让我走吧！"

其实在祉煦开口提出分手之前，茵雅早已有了一种不祥的预感——当祉煦搂着她一边抚摸着她微微凸起的小肚腩的时候；当接吻时祉煦的手停留在她腰间赘肉的时候；当夏天她穿着无袖衫出现在祉煦面前而祉煦下意识地盯着她粗壮的胳膊看的时候。

其实茵雅早就预感到了离别的到来。

茵雅开始后悔，早在她有了这种不祥预感的那一瞬间，就应该开始节食减肥的。然而，茵雅的赘肉还是不顾后果地一点点慢慢地累积，祉煦的"另外的女人"却在一步步悄悄地靠近，最终"另外的女人"挤走了茵雅，彻底地代替了她在祉煦身边的位置。如果茵雅没有继续发胖下去的话，祉煦是不会离开她的。如果茵雅能够稍微苗条一点的话，祉煦还是会选择留在她身边的。

也许会留在她身边……

会留在她身边吗？

"我一定要报复！"茵雅下定决心，"我一定要减肥，减到他认不出我来，减到他后悔跟我分手。我要变成一个万人迷，出现在他面前，亲眼看看他诧异的眼神和后悔的神情。然后我要昂着头挺着胸骄傲地从祉煦身边经过，留下他懊恼地撕扯着自己的头发，后悔万分。"

摇身一变，如同中了魔法一般！

魔法的关键词——节食减肥！

节食的英文是"diet"。这里面有个"die"，难道英国人一早就知道节食绝非一件容易的事情？

最简便、最快捷的节食减肥方法就是不吃东西，忍住饥饿，战胜食欲。

"等等！就让我这段时间把自己当做是食草动物！每天三餐就只吃蔬菜沙拉，但绝不加沙拉酱！"茵雅誓言旦旦。

茵雅头昏脑涨，脑袋里像有只小鸟不停地盘旋；胸中的各种烦懑如泉涌般不断冒出，唯一能做的只是咬紧牙关挺过去。

这天晚上，手机忽然短暂地响起，液晶屏闪过祉煦的名字之后马上就暗了下来。喝醉酒的祉煦习惯性地按下了茵雅的电话号码后立即反应过来自己打错电话，于是马上挂掉了电话。而茵雅却固执地认为"祉煦肯定是忘不了我，想提出跟我重新开始"！

于是，茵雅不管三七二十一，穿上外套就跑到了祉煦经常去喝酒的大排档，结果那里却不见他的踪影。

顿时，一种安全感油然而生。因为茵雅现在还处于减肥的进行时，还没能达到"完美的状态"，还不是把自己展现在他面前的时候。

看看手表，这个时候回家似乎还有些早，茵雅便呼朋唤友来到酒吧，点了啤酒和炸鸡。啤酒冰凉爽口，炸鸡酥脆咸香，真是一种不是神仙胜似神仙的生活。

就这样，茵雅放开肚皮，酒肉穿肠过，直到最后醉得不省人事。

然后，第二天……悔得肠子都青了！

第二阶段的节食尝试。

茵雅决定这一次不能毫无计划、一个劲儿地挨饿了，而应该采用更为科学的手段。

然而每一次能够坚持上三天就阿弥陀佛了，这似乎已经成为了每次减肥最难越过的门槛。

茵雅刚刚坚持了两天，妈妈就像是从哪里得到消息了一样，大包小包提着一大堆亲手做的美食来到她租的房子里来看她。作为女儿，拒母亲亲手做的美食于千里之外于情于理都说不通。茵雅明知会后悔，可还是自然而然地吃了一碗又一碗的米饭，而妈妈则在旁欣喜地望着狼吞虎咽的女儿把自己带来的美食一扫而光。

妈妈走后，茵雅又一次发毒誓再也不暴饮暴食了，要正确节食、科学减肥，让自己改头换面、焕然一新。然而，这才过了两天，朋友打来电话约定在烤肉店见面，一起吃晚饭。在想吃烤肉的朋友面前只吃店家附送的小菜，似乎有些不合情理。于是，在友情的名义下，茵雅开始动手烤起了五花肉。茵雅明知会后悔，夹起第一片烤肉的时候，她还是略有迟疑的，然而在第一片肉入口以后，接下来的烤肉、夹肉、吃肉的一系列动作便也就顺理成章了。

茵雅刚咬紧牙关发完誓"这是最后一次"，不到两天，多个电视台便在深夜不约而同地播放了各种美食节目，这边电视里主持人正用筷子夹起一块刚烤熟的鲜嫩的鱼肉；那边频道里沾满酱料的排骨正在炉上烤得"滋滋"作响；换个频道，只见一锅奶白色、热气腾腾的牛尾汤被端上餐桌，几粒刚被撒上的青翠葱花还在汤面上打转，旁边还放着一盘红艳艳、酸辣鲜香适口的辣萝卜泡菜；茵雅咽了咽口水，不断地按遥控器转换频道，无奈刚一换频道，电视画面上出现了一盘刚出锅的鲜美辣酱八爪鱼，新鲜的苏子叶里

包裹着冒着热气的米饭,米饭上面是沾满辣椒酱的小八爪鱼,这深深地吸引住了茵雅的眼球,加速了口中唾液的分泌。

从心里彻底排斥拍摄美食的特写镜头,似乎违背了人的本能。茵雅终于禁不住诱惑,在入睡前走进厨房,拿起一个大不锈钢盆。明知会后悔,茵雅仅仅稍微犹豫了一下便打开了电饭煲,拿起饭勺往不锈钢盆里盛了一大勺饭。看着电饭煲中热气腾腾的米饭,雪白的米粒,茵雅忍不住又再舀多了一大勺,"哎哟,辣椒酱加多了,好像这样吃的话太辣了。"于是,她自然而然地又多加了一勺米饭,打开冰箱拿出里面的小菜,做成了一大份辣椒酱拌饭,三下五除二地解决得一干二净。

当食物进入到口中的时候,茵雅顿时感觉到一种无法言喻的安全感在身上形成了一层坚实的保护膜,整个人立刻进入轻松舒适的状态。

然而,保护膜破裂后,却有一股持久的辱虐感慢慢地侵蚀着茵雅的内心。

短暂的安全感与持久的辱虐感不断交替出现!出现!再出现!

将会后悔的预感与后悔的真切感受也在重复地出现!出现!再出现!

一种奇怪的感觉!当这些情感不断重复出现时,茵雅隐约地有些担忧。

如果节食减肥成功,而祉煦却不会回到自己身边,那该怎么办?

如果节食减肥成功,自己却无法如愿变得更加漂亮,那该怎么办?

如果节食减肥成功，自己却没能做到人见人爱，那该怎么办？

如果减掉赘肉不能解决所有烦恼，那该怎么办？

茵雅努力让自己回避这些触动现实的事情，把自己所有的注意力集中在磅秤左右移动的指针上。

茵雅在反复的减肥与放弃之间摇摆不定，不知不觉中投入到减肥的第十次尝试当中。

这一次，茵雅是铁了心一定要把身上的赘肉彻底地歼灭，完胜这场旷日持久的节食减肥大战。她每天三餐只吃鸡胸肉和各种不加沙拉酱的蔬菜沙拉，每天在健身房有计划、有目的地运动三小时，戒了陪伴自己多年的酒，在减去五公斤赘肉之前所有朋友聚会一概不参加。茵雅心里暗想："我要是举重选手的话，世锦赛、奥运会金牌肯定不会旁落。"

似乎从哪里传来了喜庆的敲锣打鼓声——咚咚咚咚咚咚咚咚！

茵雅终于看到磅秤上的指针指向了期盼已久的数字，于是穿上了一早为庆祝节食减肥成功而购置下的衣物，充满自信地去参加同学聚会。如计划那般，茵雅高傲地从祉煦身边经过，祉煦也不出所料地叫住了她："茵雅！"

就像广告中的女主角一样，茵雅甩了甩一头飘逸柔顺的秀发，嘴角微露出一丝胜利的笑容，望着祉煦。

"你哪里不舒服吗？脸色很差。"祉煦的话非常出乎茵雅的意料。

本想在祉煦面前不屑一顾地来一句"你是……"，结果祉煦的反应让茵雅意外得连脸上的表情都不知道该如何管理。

不久后，茵雅从朋友英载口中得知祉煦现任女朋友的相关情况——一个名叫孝真的、胖乎乎的女孩子，比减肥前的茵雅还要重五公斤。也就是说，祉煦的现任女朋友比现在的茵雅重了整整十公斤。而当初祉煦就是因为孝真充满自信的神情而对她一见钟情的。

听到这个消息的那天晚上，茵雅狂喝了很多啤酒，狂啃了不少炸鸡。

拖着疲惫不堪的身躯，满嘴喷着酒气地到冰激凌店买了一大桶家庭装超高热量的草莓芝士冰激凌。

虽然茵雅明知道第二天自己的脸会肿得像个猪头，肚子也会胀得跟个小气球一样，但还是义无反顾地、大口大口地吃起了草莓芝士冰激凌。

冰激凌甜丝丝、凉透透的。

终于，一桶家庭装冰激凌被吃了个底朝天，茵雅顿时感觉到了一种奇妙的舒适感。

就像回到了"原本属于自己"的地方，就如同找回了"原来的自己"……

难道这种奇妙的舒适感源自于茵雅重新找到的"借口"？

一种适用于所有事情的"万能借口"，可以推脱所有事情的"万能借口"。

祉煦离开的理由；无法得到爱；无法相爱；想学滑雪但更想学英语，而她这仅仅是在心里计划着却从不付诸行动……

茵雅认为这些梦想无法实现皆因体重而起，所以，只要减了肥，所有的一切便可顺其自然地发生、实现。

减肥成功以后，祉煦会回到自己身边。

减肥成功以后，可以重获新生重新恋爱。

减肥成功以后，能够在滑雪场驰骋。

减肥成功以后，便可满怀自信地出现在英语补习班。

减肥成功以后，……

附笔（Postscript）

并不是说减肥成功，分了手的情人便会回到自己的身边，而恋人也并非是因为体重的缘故而离开的。

一心想要减肥，却又在深夜自制了辣椒酱拌饭一扫而光之后后悔不已。

一心想要减肥，却又在烤肉店以横扫千军之势大口吃肉大碗喝酒之后后悔不已。

一心想要减肥，却又三下两下地把一大桶家庭装的冰激凌吃了个底朝天之后后悔不已。

茵雅重新决定要节食的原因，难道不是因为无法找到需要减掉赘肉的"真正原因"吗？

需要节食的真正原因在于我们能够更加的爱惜自己；在于能够更加健康地生活，在于能够更加充分地享受生活。

我的头发我做主
——一气之下改变发型

"亲爱的，头发你想怎么剪呢？"查理朴亲切地问智贤，"你今天怎么了？心情不好吗？脸色看起来不太好哦！是不是发生什么事情了？"一边说，查理朴一边打开发型图片剪贴集轻轻地放在智贤的腿上，如同亲哥哥对待最小的妹妹那般温柔体贴。发型剪贴集上密密麻麻地贴满了各种各样金发美女们的照片。

这里面哪种发型能够挽回智贤受伤的自尊呢？

今天早上，崔部长怒发冲冠地把资料朝着智贤扔了过去，一边还歇斯底里地冲着她喊："金智贤小姐，事情是这样处理的吗？你到底会不会做事？"

办公室里所有的目光像聚光灯一样都集中在了智贤身上。

然而，每每这个时候，总是智贤的外表形象最为糟糕的时候——乱蓬蓬的头发，被汗水沁湿了的皱巴巴的衣服，而且还满脸狂飙的小疙瘩，让人一眼看起来像是个十足懒惰无能的女人。

也许就是因为这个原因，智贤一下班就推掉所有其他的活动不顾一切地狂奔到查理朴的美发造型屋。

"这个怎样？适合我吗？"也许是因为心情恶劣的缘故，想彻底改变形象的智贤随手指了指烫着大波浪的金发美女的照片——这与现在她清汤挂面的形象相差了十万八千里。

"哎哟！亲爱的，你真有眼光！最近就流行这种大波浪。而且这种发型可以让人显得很有气质很自信。"善于察言观色的查理朴翘起兰花指扭动着腰肢附和道。

说着，查理朴转身给站在旁边的见习生使了一个眼色。

见习生立刻心领神会地凑上前去："这种大波浪特别适合您的脸型，而且能显得年轻、知性。"

"可会不会太抢眼了？我又不是艺人。"智贤稍微有些犹豫了。

查理朴立即提高了音调，夸张地说道："哎哟！抢眼怎么了？亲爱的，Come on！来点自信！那些艺人好多都是靠化妆和整容的，你可比一般的艺人强多了。你知道连续剧《丈夫的期望》吧？那里面金绣姬的大波浪就是我给烫的。"

其实智贤不是没有自知之明，她深知自己根本就无法跟艺人相比，尽管她们很多都是靠化妆和整容的，同时也知道自己的脸型、气质根本就不适合烫大波浪。

虽然一丝后悔之意掠过智贤的心头，但似乎已经有些为时已晚。

"先帮客人洗一洗头吧。"查理朴趁着智贤稍稍犹豫的空隙连忙催促见习生，然后便开始着手为智贤做烫头发的准备。

智贤在见习生的引领下，坐在了洗发的卧椅上。

三个小时后。

镜子中出现了一个让人轻易联想到金毛狮王的烫发女子。这个女子是谁呢？

虽然智贤还未走出造型屋的门就已经后悔不已了，但却不断地努力自我安慰："干得好！就当做是对崔部长的反抗和挑战！"

恩珠的长发随着剪刀的咔嚓咔嚓声一缕缕地掉落在美发造型屋的地板上。

有种想要哭的感觉。一个星期以前，永修提出了分手。想要转换心情的恩珠一气之下推开了美发造型屋的门，于是便有了与查理朴的第一次见面。

"欢迎光临，请这边坐。"查理朴脸上堆满了笑容，眼睛眯成了一条缝。

恩珠一进门，查理朴便拉着她的手让她坐在了镜子前，拿出那本密密麻麻地贴满了各种各样金发美女照片的发型图片剪贴集放在她的面前。随后查理朴解开恩珠的发卡，一边用手捋着恩珠瀑布般的长发，一边指着发型图片剪贴集里的照片对她说："亲爱的，你剪个这样的短发吧！会很漂亮的。你看，你的娃娃脸配上这个发型会显得更加年轻可爱的，而且你的发质也很柔软，适合剪短发。"

查理朴用眼角扫了一下见习生。见习生见状赶紧上前敲边鼓："没错没错，您的肤色很白，剪什么发型都好看。您看，您皮肤又白又嫩的，说您是高中生都有人信的。"

见习生的话给了痛苦、孤独的恩珠一丝内心的安慰，她已经记不清最后一次听到别人称赞自己皮肤好、人长得漂亮是什么时候的事情了。

尽管恩珠隐约预感到自己将会感到后悔，但却鬼使神差地点了点头，同意了查理朴在自己头发上动刀子。于是，恩珠的一头秀发便与查理朴冰冷的剪刀来了个亲密接触。

一个小时后。

恩珠仔细地端详着镜子中陌生得如同素昧平生的自己。

"男朋友的离开已经让我感到委屈异常了，现在连头发也要一起遭罪吗？难怪过来人总说不要在生气的时候去做头发。"想着想着，豆大的眼泪"啪嗒啪嗒"地从恩珠的脸庞上掉了下来。

查理朴一见慌了，赶忙俯下身子紧张地望着恩珠："亲爱的，怎么了？不满意这个发型吗？如果你真不喜欢的话，明天再重新过来一次吧。我免费帮你重新剪一个。"

美英"呼哧呼哧"地跑进查理朴的美发屋，上气不接下气地说了一句："请帮我吹一吹头发。"还有一个多小时就是约好的相亲见面的时间了。

查理朴果然是高手！

"哎哟！亲爱的，好久不见了！是不是要去相亲啊？要不我帮你用卷发器拉一拉头发？那样的话会比单纯吹出来的头发看起来自然和持久一点。"还没等美英回答，查理朴已经神速地从抽屉里拿出一个卷发器来。

"这次是什么人呀？上次见的那个专利申请代理人没戏了？亲爱的，看来你的眼光也真高，真难对付哦！"查理朴给卷发器插上电开始慢条斯理地帮美英把她那一头夸张的雷鬼发型拉直。

"和那个专利申请代理人早就结束了，那都是N久前的事情了！这次是个医生，不过年纪太大了。"

为了这次相亲新买的象牙色套装紧紧地绷在美英的身上，让人看了有些不自在。虽然相亲的时候对方不可能会看到美英的肚脐，但她还是摘下了一直戴着的脐环。

"好了！亲爱的，你看看，是不是很漂亮呢？看来今天你会很顺利的哦！"查理朴朝美英眨了眨眼睛。

三十分钟后。

镜子中的美英已经完全进入了标准的"相亲模式"。现在她所需要做的，就是到酒店的咖啡厅里扮演一个斯文大方的大家闺秀。其实，对此，美英早已是驾轻就熟的了。

然而，为什么会这样呢？

忽然间，一种后悔的感觉慢慢地把美英笼罩起来。镜子中的那个人似乎不是自己。

如果今天相亲成功的话，岂不是每天都要到这里让查理朴帮忙拉直头发？

"只要忍一忍就可以了！只要稍微忍一忍……"美英努力压制住自己内心的后悔。

第二天，每个遇到智贤的人都用诧异的眼神望着她的新发型许久。

"哪里不舒服吗？"

"看起来好忧郁哦！"

"哎呀！头发怎么弄成这样了？好奇怪。"

"哈哈哈！我以为闯进动物王国了呢！"

"金毛狮王?！"

而唯有智贤的假想敌崔部长没有发现智贤发型的改变。智贤差点就被崔部长的漠不关心感动得泪如雨下了。

下班后，智贤再一次来到了查理朴的美发屋。

"朴师傅，帮我把头发拉直了吧。我要恢复原来的发型。"

查理朴果真是高手："哎哟！亲爱的，你真有眼光。你是清纯派的，直发更适合你。"

见习生也逐渐进入状态："没错，小姐，直发让您看起来更加知性，更加无可挑剔。"

第二天，恩珠遇到了许久未见的朋友。

短发让恩珠感到了一身轻松。于是，她决定不再后悔把头发剪短，也不再纠缠于逝去的爱情之中，潇洒地与过去挥手，积极地迎接新的生活，接受生活带给自己的改变。

无论长发还是短发，恩珠还是原来的恩珠。

第二天，美英也重新来到了查理朴的美发造型屋。

为的是找回原来的自己。

她果真后悔了。

如此倒霉的相亲估计前无古人后无来者。甚至美英还替自己花时间、查理朴花精力拉直的头发感到惋惜。美英决定再也不会在相亲之前到发型屋拉直头发，做所谓的相亲发型。

我就喜欢这个发型，我必须找一个能够接受这个发型、喜欢这个发型的人！

附笔（Postscript）

我的发型我做主！

我的心情我决定！

选择，是为了自己的自由，而不需别人的左右。

或是大胆地改变自己寻求幸福，或是接受喜爱现在的自己！

善良的女人
——想成为所有人眼中的善良女人

璘珠长着一张娃娃脸，以至于大家都以为她年纪小，一直都不对她讲敬语①。年纪大的患者也就算了，就连年纪相仿的患者也不对她讲敬语。

"朴护士，医生什么时候能来？"

连"请问"也不说，就直截了当地提问，有的时候甚至让人感觉到患者是在质问璘珠。

刚开始，璘珠觉得是因为护士的身份问题而导致了患者说话语气和态度有些欠佳。然而，不久之后她便发现患者们在跟金护士讲话的时候，总是带个"请"字，而且态度亲切、语气和蔼。（关键是金护士比璘珠小两岁，而且偶尔还让人错以为是已经结了婚的阿姨级人物。）

不仅如此，璘珠坐出租车的时候，也很难听到司机对她讲敬

---

① 韩国深受儒家长幼尊卑思想的影响，在韩语中通过对敬语与非敬语的使用来体现。韩语是敬语系统非常发达、完备的一种语言。在交际中，韩国人使用敬语时根据不同的情景、年龄、身份、地位的不同有严格的区别，全社会遵守统一的敬语使用规则。敬语的使用非常复杂，大致在以下几种情况下使用：不认识，初次见面的人，不分年龄大小都说敬语；如果是认识但不熟悉的，年龄大则可以用非敬语，年龄小者用敬语；如果关系亲密，可不分年龄都使用非敬语等。

语；即使有人向她问路，也不对她讲敬语。

尽管如此，璘珠一次都没有生气过。

因为璘珠是个善良的女人。

漫长而又枯燥乏味的夜班结束后，璘珠准备回家赖上一天——反正第二天补休，璘珠没有约任何朋友见面，想像大灰熊冬眠一样整天窝在家里睡懒觉、看连续剧，好好休息上一天。当然一大堆零食和啤酒是必备之物。

璘珠一回到家便倒在沙发上不愿动弹。

"啊！太想念我的沙发了！我太爱这沙发了！"璘珠话音刚落，手机铃声便不期而至。

"璘珠！"

刚一打开手机翻盖，静娟震耳欲聋的声音直窜耳蜗："我现在可以去你家吗？如果我不找你说说的话，我觉得我都快憋死了！我都快被气炸了！"

璘珠那句"好的"刚说出口，门外过道传来了高跟鞋与地面接触发出"咔哒咔哒"的刺耳声音，紧接而来的便是一阵急促的敲门声。

"我就在你家门口，开门吧！"在跟璘珠打电话之前已经来到了她的楼下——静娟知道璘珠绝对不会拒绝自己的请求。

因为璘珠是个善良的女人。

璘珠刚把一瓶从冰箱里拿出来的啤酒放在静娟的面前，静娟就撕心裂肺地号哭起来："他是不是疯了？"

没头没尾从静娟口中冒出来的这个"他"，毫无疑问指的是泳

轼——静娟的男朋友。

"他就是葛朗台，严监生！超级吝啬鬼！我看他就算是去度蜜月也会露宿街头的，一点钱都不舍得花。花点钱就像要了他的命一样！我实在受不了了。"

静娟之所以非要找璘珠大吐苦水，尽情发泄对男朋友泳轼的不满，是因为璘珠跟泳轼是从小一起长大的铁哥们。静娟心想，把这些烦恼事向璘珠倾诉，璘珠会或多或少地向泳轼提起，也许这能从中调和两人目前的僵持状态。

"没错，他确实是抠了点。"璘珠附和道，但心里却是另一番想法——虽然不知道泳轼到底有多吝啬，但如果这么说能够安慰到静娟并解开她的心结，帮助他俩和解，却也但说无妨。

静娟自顾自发泄完之后，也不跟璘珠商量便决定要留在璘珠家过夜。

"璘珠，你人真好。"说完，静娟霸占了璘珠房间里唯一的一张单人床。

本想在家里"冬眠"的璘珠此刻像只受了枪伤的大熊，无奈地朝静娟挤出了一丝笑容。但重新细想一番，璘珠却又觉得能够得到朋友如此的信任，何尝不是一种幸福。

璘珠把静娟安顿好，刚想到沙发上小憩一下，手机铃声又响了起来。

"你爸怎么总这样？"一接起电话就听到妈妈的抱怨。

哎！妈妈又跟爸爸吵架了！每次璘珠见到妈妈的时候，心里总觉得不是滋味——爸爸赋闲在家却又大男人主义，不愿帮忙做家务，妈妈既当爹又当娘把几个孩子拉扯大，个中辛苦唯有妈妈才能真切体会到。

听着妈妈诉说苦楚,时不时敲一下边鼓……好不容易才挂下了妈妈的电话,手机液晶屏上就又闪烁着泳轼的名字。

"静娟到你那去了吧?"——不用想,静娟肯定是在璘珠家里,因为静娟只会在泳轼可预测的范围内活动。泳轼不等璘珠回答,便接着往下说:"我现在就在你家附近的大排档,你悄悄出来行吗? 别让静娟知道。"

"现在? 这大半夜的?"本想一口拒绝泳轼,但一听到泳轼有气无力的声音,想象着他那沮丧的样子,璘珠的心一下子就软了。

"还好有你在!"泳轼的一句话,赶走了璘珠身上的倦意,像冬日里的一杯热咖啡,让人心里顿时感到一阵温暖。

"难道我做错什么了吗? 难道节省是那么大的罪过吗?"伤心的泳轼仰头咕嘟一声喝下了一杯烧酒。

"节省是美德,省钱不是罪过。除了泳轼还能有谁能够这么疼爱、这么珍惜大大咧咧、毛毛糙糙的静娟呢? 泳轼得多伤心啊! 要不然也不会这样喝闷酒了!"

璘珠尽力开解泳轼:"静娟就这样,她本来就不太懂事,你得理解她,多让着她一点……"

送走泳轼刚要进电梯,璘珠就接到了爸爸的电话。

"啊! 你妈真是太过分了!"

听着爸爸发泄对妈妈的不满,璘珠突然之间觉得妈妈的做法不妥当,甚至有些埋怨起妈妈的态度和行动来,而且还开始同情起了爸爸的境遇。

"就算是这样,妈妈也太过分了! 难道爸爸您就不能有梦想吗?"璘珠一边安慰着爸爸,一边走到了家门口。

打开大门走了进去。尽管一整天没有做什么辛苦的工作，却感到浑身没有一丁点力气，有种快要虚脱了的感觉。

"赶紧洗洗睡了吧！好累！"

这时，璘珠发现原应躺在床上睡觉的静娟在床头柜上留下一张字条"我走了"之后，消失得无影无踪。

"他们到底怎么了？"

璘珠好不容易回归到自己的世界，刚想要享受片刻的宁静，一阵闹腾的电话铃声不适时宜地又一次打乱了她的计划。

电话里传来比铃声更为闹腾的声音——是介绍静娟与泳轼认识的智娴。

智娴气愤地说："刚才静娟和泳轼两人轮番给我打电话，就为了些琐碎、根本就不成问题的小事情吵得不可开交。我真受不了他们俩了！"

听着智娴愤愤不平地发着牢骚，璘珠忽然间觉得有种泰山压顶的感觉，一块大石头堵在胸口，憋闷得喘不过气来。

"静娟和泳轼这对情侣就已经让我受不了了，现在连介绍人也来向我诉苦，这到底算怎么回事？上夜班已经让我累得快要趴下去了，回到家还要来听你们说这些乱七八糟的事情，而且这些事跟我八辈子都扯不上一点关系。我不是铁打的，我也需要休息！我要挂电话！"

璘珠越想越生气，就在她忍不住要爆发的那一刹那！

"哎！璘珠，你也够辛苦的了，整天得听大家伙发牢骚，帮忙做和事佬。"——智娴轻声地安慰使得璘珠大受感动。

"想想我都这么郁闷，智娴肯定比我更心烦。也不能对她说些刻薄的话，毕竟也不是她的错。"

璘珠又是一阵心软，柔声说道："你才辛苦呢！说真的，我实在不明白他们俩为什么总是吵个不停。"

璘珠与智娴在声讨静娟、泳轼这对情侣的过程中逐渐上了瘾，转眼间煲了五十多分钟的电话粥。

嘀铃铃！刚挂了智娴的电话，手机铃声又响起。

这次是个不认识的电话号码。

在接与不接之间犹豫了片刻之后，璘珠还是接听了电话。

"是朴护士吗？"一个似乎有些熟悉的声音。

"请问您是哪位？"

"对吧？对吧？我没打错吧？"

是304病床的李福顺患者——她喝醉酒后从台阶上滚下来，原以为是脑震荡来到医院拍CT，结果却发现了脑部肿瘤，于是她逢人便说酒是自己的救命恩人。

"啊！李福顺女士，请问有什么事情呢？"

"金护士怎么可以这样对我呢？我做错了什么呀？真是奇了怪了！刚才就没给我好脸色看，还对我皱眉头呢！"

患者打来电话诉说对其他护士的不满，璘珠听着听着，一股无名火直往上蹿。上班的时候也就算了，现在是下班时间，是自己的业余休息时间，竟然还要浪费在这些无聊且跟自己毫不相干的事情上面，这实在无法忍受了！

"别说了！"就在璘珠想要大吼一声的那一刹那！

"朴护士，真谢谢您！"突如其来的敬语。

李福顺住院一周以来第一次对璘珠讲敬语，璘珠感动得心里一阵发热，鼻头有些酸酸的。

于是，璘珠花了二十七分钟，听李福顺的神聊瞎侃，从医院护士的态度聊到了小叔子搞外遇。

挂上电话，整个房间安静得只剩下挂钟滴滴答答的声音。

璘珠非常享受这片刻的宁静，于是关掉了手机的电源，闭上眼睛躺在床上。

然而，这一次，她却怎么都睡不着。或许是因为太疲倦了，所以无法入睡。

墙上挂钟滴答的声音开始让她感到焦躁，"不行！不行！我不能这样！"

无法入睡的璘珠起身戴上帽子走出家门。现在最佳的解决方式唯有喝点酒让自己放松下来进入睡眠状态。要不然这又得是一个不眠之夜。

"我要睡觉！我要睡觉！我要睡觉！"璘珠内心呐喊着。

璘珠朝着便利店走去，远远地望见便利店门口遮阳伞下静娟、泳轼还有智娴围成一圈正在喝啤酒。

"我就知道你们会在这里碰面。"看样子事情似乎已经得到了解决，静娟和泳轼也好像和解了。

璘珠满心欢喜地朝着他们走了过去。

可是，他们望着璘珠的目光却出乎意料的不友善，似乎还有点苦大仇深的感觉。

面对着一脸疑惑的璘珠，静娟用一种似乎已经是忍无可忍的姿态，狠狠地说了一句："你是想离间我们吧？"

顿时，璘珠由诧异转为气愤，话到嘴边却又忍了下去——从他们的立场来看，会那样想也不是不可能的，就别跟他们计较了，多一分理解多一份关怀。

于是璘珠选择了沉默与理解。

毕竟，璘珠是个善良的女人。

附笔（Postscript）

不敢对别人发火等同于跟自己过不去；无法拒绝就是不能真心帮助；不断附和对方相当于不爱对方。

临近结束！秒杀的诅咒——电视购物直播结束前，急匆匆购买不需要的东西

现在是 2009 年 12 月 31 日晚 11 点 53 分。

辞旧迎新的人流熙熙攘攘地涌向普信阁①，等待着新年的钟声。还有七分钟，新年的钟声即将敲响。

二十九岁的恩惠也即将步入而立之年。那传说中的三字头终于真真切切地来临了。

滴答滴答……时间一分一秒地流逝。

这个时间，其他的频道在播什么呢？

"现在是辞旧迎新的时刻，我们进行的是最最激动人心、最最吸引眼球的超低价折上折销售。仅此一次，请勿错过！"电视购物频道正在销售家用跑步机。

再过几分钟都已经是步入三十的人了，还买什么跑步机？现在剩下的也就仅仅是听着岁月的轻吟、看着青春的流逝。

新年一到，自己便由奔三成为了开始奔四的人了；再过五分钟，折上折的低价销售也要结束了。

---

① 位于首尔市钟路区钟路 2 街的钟楼。

电视画面下端闪烁着一行字："直播即将结束！"

以后真的就不会有这么低的折扣吗？

忽然，恩惠脑海中闪过一个奇怪的念头。

……要不……把跑步机买下来？

问题是每一次的最后关头——直播结束前的几秒钟。时间的压迫感总是以这种方式折磨着恩惠。而且，这种情况下做出的选择往往伴随着后悔。

明知日后会后悔却还是勇往直前，这种选择就是所谓的"秒杀的诅咒"。

恩惠想起了十年前的高考。

高中三年，恩惠悬梁刺股，无奈成绩一般般。尽管如此，她还是尽了自己最大的努力，坐在考场认真地解题。把不懂的问题放在一边，从懂的问题开始回答。回答完懂的问题，再回过头来思考不懂的问题。如果实在是不知道该怎么作答时，先确认无法解答的客观题的数量，然后再发挥自己一向都不太灵验的第六感开始选择答案。

然而，还是发生了意想不到的突发情况。

第二十五题的答案是第一项还是第二项呢？答案有些模棱两可。恩惠绞尽脑汁也不知道该从什么地方着手来解题。

通常这种情况下，最先选择的答案是正确答案的概率比较高。恩惠最开始的时候选了第一个选项，但却又对选项二心存迷恋。于是，迷惘的恩惠在选项一与选项二之间彷徊不前。

当监考老师告知考试时间只剩下五分钟的时候，恩惠果断地下了一个决定——重新填写一张机读答题卡。

然而，那一年，恩惠落榜了。

第二年，恩惠没有换掉答题卡。

"哎……转眼十年过去了！"

电视画面上闪烁着一行红色的字——"直播即将结束"。

"要抓住这个机会！直播就要结束了！过了这个村就没有这个店了！时间不等人，机会也不等人！"现在只剩下三分钟了，恩惠暗自着急。

恩惠想起了当年公司的面试。

面试那天早上，恩惠的心里像揣着十五个水桶，七上八下的——紧张得连早餐都吃不下去。结果，快到中午的时候，恩惠感到一阵眩晕，眼前直冒金星。这时，恩惠想起了妈妈经常说的那句话——"人是铁饭是钢，一顿不吃饿得慌。"

"再不吃点东西下肚，估计还没轮到我面试，我就得晕倒在等候室里了。"

恩惠看看手表，离面试大概还有一个小时的时间，于是她便想趁这个空隙到楼下的咖啡屋吃个蛋糕充充饥，希望自己在最后关头能够超实力发挥。

还未付诸行动，恩惠又开始有些动摇，"不行！不去吃东西可能会好点。如果吃东西不小心沾在衣服上，或者是有了什么异味，又或者是小肚肚突出来了，那岂不是很尴尬？还不如利用这段时间再把英语自我简介背一背，免得到时紧张忘了词。"

然而，恩惠的肚子还是忍不住开始奏起了交响乐，与墙壁上挂钟的滴答声此起彼伏。

离面试时间还有三十分钟,恩惠再一次陷入进退两难的选择境地。

从公司到小卖店大概需要两分钟的时间(小卖店就在公司门口),买东西需要大概五分钟的时间(简单地买个现做的紫菜包饭),吃完紫菜包饭大概需要三分钟的时间(放弃淑女般的矜持,狼吞虎咽地进餐),这样的话,所需的时间是十分钟,再多给一分钟"以防万一"的时间,那么就算是从小卖店慢慢腾腾地走回公司等候室,最多也就是十分钟的时间。

这样算下来,总共所需的时间最多也就是二十一分钟。

"吃?还是不吃呢?"——一个艰难的选择!

哦!现在剩下的仅仅是二十二分钟了。

可供思考的时间只有一分钟而已了。就在这个时候,"秒杀的诅咒"又一次启动!

恩惠朝着小卖店狂奔而去,一切按计划进行,并且准时地出现在面试官跟前。

恩惠不再饥寒交迫,所有的一切似乎都超乎意料的顺利。

然而,就在恩惠开口要回答面试官第一个问题的时候,一个巨大的打嗝声首先打破了沉默,也带来了尴尬。

该笑还是要哭呢?

这就是最后匆忙选择的后果!

直播即将结束!

还有两分钟,新年的钟声就将响起。

两分钟之后,你就将迎来人生的第三十个年头。

越是临近结束,不可名状的不安感越是逐渐扩大。

啊……秒杀的诅咒！

恩惠想起了春三。

外表如同名字一般俗气的春三，虽然脑袋好使、本领过硬，但家中一贫如洗，而且还是三女一男家中的长子。

春三正是所谓的"凤凰男"！从女性的立场来说，与"山沟里飞出来的金凤凰"交往，就意味着要承担一定的风险。

"凤凰男"对于父母有着非常强烈的责任感和义务感，对于富家子弟有着非常强烈的鄙视感，同时对于自己的才干心存一种无法比拟的自豪感与自信感，但又对自己的家境和处境有着一种难以言喻的自卑感，而且大部分的凤凰男都是大男子主义，在家永远处于霸主地位。而春三恰恰正是这种"凤凰男"的典型范例。

谈了三年的恋爱，恩惠终于下定决心要跟春三分手。与食古不化的春三结婚，便意味着要永远地生活在婆婆与小姑子的压制之下，丝毫没有自由，无法享受自己想要的生活。

分手，似乎没有想象中那么困难。甚至让恩惠觉得自己从来就不曾爱过春三一样。

然而，恩惠需要克服的，不是与曾经相爱的人分开的那种痛苦，而是一种对熟悉生活的告别。

与过往的生活彻底地挥手道别，整整让恩惠挣扎了六个月之久。那时，静恩还曾小心翼翼地问恩惠："我可以跟春三君交往吗？"

分手后，恩惠从朋友那里听说春三为了结婚一直在不断地相亲，却没有一次成功，原因在于他无法忘记恩惠。

"在这种情况下，如果静恩跟春三表白，那他们俩很可能就会

走在一起。其实之前就总觉得他们俩还是蛮合适的……我和春三分手前，他们俩该不会就已经瞒着我悄悄地就走在一起了吧？"

距离静恩约春三见面的日子越来越近了。

四天！

三天！

两天！

一天！

"秒杀的诅咒"又一次突然来袭！

就在静恩跟春三见面的两个小时前，恩惠出其不意地给春三打了一个电话："你……不能跟其他的女人在一起！"

如果上天不给恩惠最后的期限，不让恩惠感觉到时间带给自己的压迫感，那么她能够做出正确的选择吗？

高考时，恩惠绞尽脑汁，在第二十五题的第一选项和第二选项之间徘徊不定，但其实正确答案是第三个选项；虽然当年巨大的打嗝声导致了面试以失败告终，但第二年，那家公司就在竞争中宣告破产，而恩惠尝尽苦头最终进入的这家公司乘风破浪如今已成为业界的佼佼者。

那么春三呢？

嗯……其实恩惠还是爱春三的。

哎！这种东西还需要用话语来表达吗？

直播即将结束！

字体逐渐变大。恩惠听到自己的心脏在"扑通扑通"直跳。

如果错过这个机会，在我的人生中，将不能拥有一部家用跑

步机。

恩惠似乎听到导购主持人在耳边对自己说："直播中的这部打折的家用跑步机是地球上仅存的唯一一部跑步机了。机会不容错过！"

机会仅此一次，机不可失，失不再来。

现在还剩下一分钟！

拿起电话！

终于，恩惠还是把跑步机买了下来。

新的一年来临，恩惠步入而立之年，与春三如同一潭死水般的恋爱也进入了第 N 个年头。

而且，最终，跑步机成为了室内晾衣架。

附笔（Postscript）

所谓的"秒杀的诅咒"，是在临近结束的时候，明知日后会后悔，却由于某种压迫感而做出的不明智的选择，一般以冲动的购买为主。

而所谓的"临近结束"，让人产生一种"机不可失，失不再来"的感觉，将人赶向"秒杀的诅咒"的一种商业技巧。

成为咖啡馆百无聊赖的老奶奶
——甚至连些许的背离都感到畏惧

淑熙的手机响起。

"我突然有点事要去日本出趟差。我们下星期一起去吧。"

打来电话的是当今红得发紫的建筑设计师，大韩民国 Miss Gold①的代表人物——淑熙的朋友静淑。

"哦？去日本？"淑熙有些不相信自己的耳朵。

"嗯！我星期五晚上就能把事情办完，然后周末两天我们就可以逛逛街、买买东西。上次你不是跟我说你在家待得很郁闷，想去旅游吗？"

没错！

淑熙曾经向静淑说过自己迫切地想要暂时地离开现在的生活环境，到一个陌生的、没有人认识的城市旅游。而亲切的静淑也在自己条件允许的情况下向朋友伸出了援助之手。

这是个绝好的机会。

日本距离近，不会让人感觉到太大的负担，真正可以做到暂时逃离日常的烦琐，寻回短暂的自由。

――――――――――

① 年纪较大，没结婚并具有较强经济实力，且拥有不俗文化品位，还过着优雅生活的女性。

"你会去的，是吧？会去吧?!那这就说好了，你准备准备。"静淑简洁扼要地说完便挂了电话。

日本旅行……真想去！

异国的风情、陌生的悸动、随性带来的舒适感，让自己从琐碎的家务中释放出来，冲动的解压血拼……

这些，都是淑熙所需要的……

经过深思熟虑之后，淑熙重新给静淑打了个电话："静淑，我是淑熙……"

"哦！怎么了？"

"我再三想了想，还是不跟你去日本了。去日本得好几天，宙炫还太小，离不开人，而且我还得给我老公做饭，实在是走不开……"

"上次你不是跟我说想去旅游吗？"静淑一针见血，"宙炫挺大的了，你老公可以帮忙带带孩子的呀！要不然，把孩子送到你妈妈那里，请她老人家帮忙看两天。至于做饭，你两天不给老公做饭，他就能饿死？他自己就不会找饭吃？自己煮点面总是会的吧？实在不行可以叫外卖，也可以到外面吃，不至于饿死的！你现在每天都宅在家里，围着老公孩子转，早晚得憋出病来。趁周末到外面走走，放松一下自己，给自己充充电。又不是让你去花天酒地，也不是要你吸毒贩毒！"

然而，淑熙还是不为所动，"哎！还是不行，我总觉得不放心。"

于是，淑熙开始为自己"不能去旅游"寻找借口。

"最近老公总得加班，回到家已经很晚了，脸都瘦得尖尖的了。老公在外面赚钱养家,而做老婆的却自顾自地去国外旅游购物,似乎有点说不过去,周围的人肯定得在背后指指点点。再说了,我婆婆最近动不动就给我脸色看,时不时还会凶巴巴地唠唠叨叨。而且我们家宙炫嘴刁,不太爱吃别人做的饭。要是我出去旅游,他突然发烧,或者突然拉肚子的话怎么办? 如果宙炫哭着闹着要找妈妈,却又找不到我,性格从此变得孤僻自闭了,怎么办?"

"……"

"哦,对了! 好几天不洗衣服的话,衣服会沤臭了的。而且我还得帮老公准备上班穿的衬衫。啊! 房间还得每天打扫。如果不及时打扫的话,宙炫发生过敏性皮炎或者是哮喘的话,那以后可就麻烦了。其实,我还真不知道去日本要买什么,感觉没什么东西是一定要现在去日本买的。而且买东西还得花钱,说真的,我最近手头有点紧。再说了,周末的飞机票要贵不少呢! 专挑周末过去,有点便宜了航空公司的感觉。如果不是周末的话,还可以考虑一下……"

"行了行了! 我知道了! 我找别人跟我一起去!"电话被静淑挂断了。

嘟……嘟……嘟!

躺在床上的淑熙睁开眼睛,"这里是哪里?"旁边睡着一个裸露出整个背部的男人……背部的肌肉细腻光滑,线条迷人……

"这是哪里? 他是谁?"淑熙用力地摇了摇头,拼命地想要回忆起一点蛛丝马迹来。

对了,对昨晚的记忆定格在了迪厅。

淑熙的身体随着震耳欲聋的劲爆舞曲不断地扭动,似乎想把

一切的烦恼都甩离自己。平时略带苦味的酒在音乐的刺激下变得香甜可口。镶着水钻的吊带衫与超短裤将淑熙衬托得愈加性感迷人，热辣辣的身材吸引着众人的目光，男人们蜂拥而上，争先恐后地挤在她的身边。

啊！一阵头痛袭来，淑熙有种头即将爆裂的感觉……

宿醉的深渊。

淑熙不停地翻身，惊醒了旁边的肌肉男。

"啊……头好疼。姐姐你没事吧？"肌肉男转过身来，温柔地问道。

"姐姐？"

他扑哧一笑。

看到他的笑脸，淑熙脑海中的记忆逐渐鲜明——他昨晚就是带着这样迷人的笑容过来搭讪的，于是两人一起跳舞，开始接吻，一切便自然而然地发生了。

淑熙还沉浸在对昨晚的回忆中，他一把搂住淑熙，用嘴封住了她的嘴。

淑熙心如擂鼓，怦怦直跳……

"唉……"淑熙深深地叹了一口气，仿佛千斤重的大石头砸在地上一般。

如此美妙的瞬间仅仅只能存在于淑熙的想象之中。也就是说，对于淑熙来说，这是永远都不可能发生的事情。

比起经历了之后说句"那时真好"更为凄惘惆怅的是，连经历的机会都无法拥有，更谈不上经历之后的感受了。

上苍啊上苍！

从不给自己任何机会从一成不变的日常中逃脱出来，从不存在任何心动刺激的经历，到底该用怎样的话语来形容淑熙的人生呢？

淑熙推着婴儿车，来到了家附近的咖啡屋里，坐在靠窗的位子上感受着阳光洒在身上的暖意，沉浸在自己的世界里。

老奶奶一如既往地在同一时间出现在了咖啡屋里。

每天准时来报到的老奶奶坐在离淑熙不远的窗边的沙发上，每次都点上一杯黑咖啡，既不看杂志书籍，也不和别人说话，更没有约见任何朋友，始终一言不发地望着窗外的车水马龙、人来人往，一坐就是好几个小时。

"每天都那样待着不会无聊吗？戴上眼镜看看杂志、读读报纸也好啊……"这个想法刚从淑熙脑海中冒出来的同时，一股寒意忽然顺着脊梁骨贯穿全身，淑熙不由得发起抖来，"我的人生该不会也像这个老奶奶一样吧？我的人生该不会是这样一种惨白的人生吧？"——每天同一时间，同一地点，做着同样无聊的事情，一点激情和热情都没有，甚至连戴上眼镜看书读报的想法都没有，仅仅是呆呆地坐着，头脑一片空白……

记得静淑曾经这样说过："停滞不前是最可怕的事情。应当趁年轻收藏生活中的点点滴滴。当头发发白，老得哪里都去不了的时候，年轻时的一切便会成为一份像口香糖一样可以反复咀嚼、长久回味的记忆。这才是完整的人生。"

然而，淑熙自觉人生已经像是一块被咀嚼多时、已经没有丝毫甜味的口香糖。看到了咖啡屋中百无聊赖的老奶奶，淑熙仿佛是看到了多年后的自己。

脑中一片糨糊的淑熙随手翻开了咖啡屋书架上的杂志。

大学同学昶秀的一篇访谈被刊登在杂志里。昶秀执导的电影不久前大获成功，票房收入上亿。记得上大学的时候他几乎天天烂醉如泥，常常在大街、地铁站、宿舍前的运动场上倒地就睡，富有同情心的淑熙一直不断地悄悄替昶秀着急，担心他的人生就此沉沦，害怕醉得不省人事的他半夜冻死在路边。

昶秀在访谈中也谈到了大学时期的彷徨和与之相伴多年的酒，而恰恰是这段彷徨的时期成为其创作的基石，为日后的成功奠定了基础。

"等等，那小子真有这么帅吗？大学四年，我竟然没发现他有这种才能……"淑熙一边想一边翻页。忽然，淑熙的视线停留在了一篇新的报道上——关于当今无人不晓的姜雨成律师的报道。

这个男人，是淑熙朋友恩智的老公。

杂志上刊登了恩智与姜雨成律师的私家照片——恩智穿着白色的围裙在厨房中做饭，姜雨成律师从后面环抱着恩智的腰，两人脸上都露出了幸福的笑容。

恩智是淑熙所认识的人中长得最漂亮的一个。年轻的时候恩智没日没夜地在迪厅和酒吧里混，身边的男朋友如走马灯般一天一换，是当时久负盛名的"潮女"。恩智在年轻时候所培养出来的"火眼金睛"让她一眼选中了一只"绩优股"——当时在律师事务所打工、默默无闻的姜雨成，并且冥思苦想、秘密策划，使出浑身解数将其钓到手。

淑熙合上杂志。

杂志的名称是《成功》。

年轻时总爱穿皮裤、戴骷髅耳钉的秀妍成为了"大韩民国最著名的文身艺术家"。每当无法抑制对社会对父母的愤怒和不满时，秀妍便用文身的方式来平复自己的心情，而今她已然成为帮别人平复心情、为别人设计刺青的著名艺术家。她所设计出来的文身既具有独创性，看起来又非常高档漂亮，就连好莱坞的明星大腕也不时来找她刺文身。

不顾亲人好友劝阻，辞去工作了一年多的职位，把所有的钱统统掏出来环游世界一周的芝娴，不久前出版了一本游记。当时芝娴与男朋友一起辞职离开公司的时候，淑熙还摇着头叹息道："这两个不懂事的家伙……"

"你以为你长得漂亮啊？你以为你学历高啊？还是你家财万贯，可以衣来伸手饭来张口？你凭什么敢和男朋友一起辞职，丢掉现实中的一切去实现所谓的童年梦想？……"淑熙曾经苦口婆心地劝道。

然而，芝娴却十分争气地按计划环游了世界，而且她的游记现在也摆在了书店最最显眼的"畅销书专柜"里。

大学时，一向以超迷你裙装示人、一出现便会引得周遭男生狂吹口哨的金珠，生完孩子后已经发展成超级大妈，加大码的衣服都难以绷得住她那横向发展的身躯。如今从超级大妈的身上再也寻不到当年金珠亭亭玉立、轻盈如燕的身影。而金珠却能坦然地面对这一切，因为"年轻的时候我已经尽情地享受过了，几乎没有我没尝试过的衣服。我不在乎天长地久，因为身材无法天长地久，但至少我曾经拥有过！"——她真的看起来毫无遗憾，坦坦荡荡。

这……

淑熙像是忽然被人用一根棍棒狠狠地敲了一下脑袋，整个脑

子"嗡"的一声,昏沉沉的。

过去的不安造就了现今的安定;过往的动摇铸就了如今的稳固。经验成为了人生一份不可多得的财产,指引着成长的方向。

烟、酒、莽撞的恋爱、轻浮的快乐……

从小,我们就被教育要远离这些不好的东西,不可轻易地放纵自己,然而,丑恶的东西也不尽然带来恶劣的结果,或许能够成为成就美好事物的基石。

人生就如同谜语一般。

担心后悔而胆怯地在既定道路上丝毫不敢偏离前进方向的淑熙,甚至连周遭的风景也顾不上欣赏。而多年以后,忽然发现自己对路边的景象一无所知,或许迈开小小的一步,就能感受到不一样的人生,欣赏到不一样的风景。其实只要小小的一步……

如果早知道自己的担心是多余的,如果早知道自己的行动会导致日后的后悔,还不如当初果敢地让自己放纵一次!

可是,真的可以那样做吗?

哎! 果然是小心谨慎的淑熙!

附笔(Postscript)

有些事情只有闯过祸、酿了错才能知道后果。

闯了祸之后才能学到的事情,没有犯错便无法知道的事情,是人生留给那些有勇气闯祸、犯错的人最大的礼物——经验。

当然,能够从经验中获得的教训,是人生的另一赠品。

妈妈为我做过什么？
——明知会伤害母亲却依然出言不逊

"啊！要不就别整天说自己不舒服，要不就直接说哪里不舒服！！"瑜姝不由自主地发起了火。

妈妈一天到晚总说自己不舒服，不是膝盖酸疼，就是肩膀胀痛，要不就是消化不良，再不就是头痛难忍。而且最近还总说脚板不舒服，尤其是脚后跟发凉、发痛。

每次一见到瑜姝，妈妈除了家长里短、鸡毛蒜皮说一大通之外，就是诉说自己这里不舒服、那里不好受；而瑜姝想带妈妈去医院看病的时候，妈妈却总找不同的借口推脱："干吗要那么麻烦去医院看病……我又不是得的什么不治之症，去医院既花钱又浪费时间，还不见得能把病医好。"

因为疼痛而多日彻夜未眠的妈妈终于被瑜姝拉到了医院。

经检查，妈妈患的是"足底筋膜炎"，其发病的原因主要是用脚过度，最常见的症状是脚跟的疼痛与不适。

妈妈听到病名后，脸上露出了歉意的表情，但嘴上却不饶人："我早就说没什么大碍了，你还总说要来医院看看。你看你这不是自找麻烦吗？"

瑜姝一听火冒三丈，就连她自己也分不清楚自己发火是因

为妈妈说的话，还是因为妈妈的病，又或者是因为自己对妈妈的漠不关心，导致妈妈的脚跟从酸痛发展到筋膜炎。于是，一股脑儿地朝着妈妈发泄："你干吗总这样？又不是没钱，又不是看不起病！不想来医院的话，你就别整天这里不舒服、那里难受的！"

妈妈一句话也没有说。

妈妈一言不发地走在瑜姝的前面。

妈妈挪动着小步伐，走在瑜姝前面，脚跟虽然疼，却装作若无其事。

妈妈是酒店客房的清洁工。妈妈每天的工作就是清洁整理客人使用过的房间。

瑜姝七岁，瑜姝的哥哥瑜峻十岁的时候，爸爸撒手人寰，从那时候起，妈妈便到酒店打工，每天清洁房间，一干就是十多年。

妈妈整天与灰尘、洗剂相伴，十多年如一日，没有真正享受过一天的假期，相伴而来的却是浑身的酸痛。妈妈就这样靠体力劳动赚钱把两个孩子拉扯大。

哥哥瑜峻是妈妈的骄傲。

当年瑜峻考上名牌私立大学的时候，妈妈这样对瑜姝说："帮瑜峻筹学费就挺难的了，你以后就考国立的大学吧，学费不像私立大学那么贵！外地的国立大学也不错，学费还能更便宜点。"

而妈妈却这样对瑜峻说："就算是借钱妈妈也帮你凑齐了学费和生活费，你不用担心。你只要安心念书就可以了"

瑜姝心里不是滋味，伤心难过之余找妈妈理论："就只有哥哥才是妈妈的孩子，我就不是了吗？"而妈妈又是一阵沉默。

妈妈也有累的时候；妈妈也想找个人一起分担一下肩上的重

担；妈妈觉得女儿是贴身小棉袄，能够说说心里话，比儿子更加亲近。

然而，这一切，妈妈都没有说出口。

瑜姝不愿向学费低头而考到外地的国立大学读书。于是她考进首尔市内的私立大学，像拼命三郎一样咬紧牙关彻夜苦读，争取奖学金，同时也不放弃任何一个可以打工的机会，在校内勤工俭学，在校外兼职工作。如果筹不到足够的学费和生活费，瑜姝便申请休学。她说什么也不愿意伸手跟妈妈要钱，因为单是瑜峻的学费，就已经让妈妈累弯了腰。

花了五年的时间，瑜姝终于供自己读完了大学。大学毕业后，瑜姝在一间小公司工作了大概两年，男朋友熙俊向她求了婚："就让我们相依相伴平凡地生活在一起吧。我来准备一间 24 平方米婚房的包租费，你准备些日用品、电器和家具，只要最基本的就可以了。然后我们生两个小孩，平平淡淡却又幸福地过一生吧！"

然而，瑜姝向熙俊提出了分手。

瑜姝害怕自己的人生像妈妈的一样平凡艰辛。

平凡的婚姻可能会是艰辛人生旅程的开始，瑜姝不愿像妈妈那样活着。就算天塌下来也要活出一个与妈妈不一样的人生，所以，她毅然地选择了分手，毫无一丝留恋地挥挥手转身离去。

回到公司后，瑜姝递了辞呈开始着手准备留学。她想趁年轻圆了长久以来的梦想——当一名设计师。

瑜姝小心翼翼地跟妈妈谈起了与熙俊分手并准备出国留学的事情。妈妈一听怒不可遏，一把揪住瑜姝的头发，连连打了好几下，一边抹泪一边说："你凭什么甩了熙俊？你以为你长得漂

亮？能找个像熙俊这样心地好的人，现在不容易了！女人最终还是要嫁人的。相夫教子、平平凡凡过一辈子就是最大的幸福了！现在这把年纪了，还出去混什么？"

瑜姝捧着托福考试真题不分日夜地奋战在书桌前，而妈妈却故意调高客厅电视的音量，坐在破旧的沙发上目不转睛地看着电视，一边揉搓着脚后跟还一边哈哈大笑。

"瑜姝，快出来看看。今天最后一集了。今天就能知道那个会长的亲生儿子是谁了。快来呀！"

瑜姝暗暗下定决心——绝不能像妈妈那样活着。于是，她咬紧牙关抵制所有的诱惑。

瑜姝绞尽脑汁写入学申请书的时候，妈妈站在一旁实在看不过眼，啧啧地咂起了舌头："你到底吃没吃饭？哎哟哟！瞧你那脸色！蜡黄蜡黄的……不知道的还以为我不给你饭吃呢！"

"妈妈！没看到我在读书吗？"

妈妈故意提高音量："美国？去那么远的地方干什么？你也算离谱的了！美国的月亮比韩国的圆？到了美国就有饭吃、就给发年糕吗？你凭什么辞掉那么好的工作……"

"妈妈，你到底为我做过什么？"瑜姝还是忍不住脱口而出。

妈妈沉默不语。

让人窒息的沉默。

让人窒息的负罪感。

明知话说出口就收不回来，明知说完自己肯定会后悔，但瑜姝还是义无反顾地发泄："你倒是说说看！妈妈你到底为我做过了什么？妈妈你为我的人生做过些什么？难道妈妈你觉得你有资格对我指手画脚吗？今天所有的一切都是我自己争取来的，是我自己努力得来的。"

瑜姝的话似乎触痛了妈妈心灵的痛处,妈妈一脸受伤的表情。

妈妈仿佛忘记了想要说的话,呆呆地在门口站了许久之后,轻轻地说了声:"好的,我知道了。"说完,妈妈静静地转身,离开了瑜姝的房间。

瘦削的背影。

细微的关门声。

一阵凉飕飕的风钻进心里。

其实不难理解妈妈的心情——一直在身边长大的女儿即将离家远行,妈妈心中的那份不舍;女儿刚与男朋友分手,妈妈对女儿的担忧。

因为,没有一个母亲是不担心自己儿女的。

一阵凉风掠过,瑜姝打开房门走到客厅。只见妈妈呆坐在破旧的沙发上,蜷缩成一团,背对着瑜姝。

"你非得去美国不可吗?"

"不应该让我自生自灭吗?难道妈妈把我放在心上过吗?"又一次脱口而出。明明知道这么狠毒的话说出口,必定会让妈妈心痛不已;明明知道话一说出口自己便会后悔不已,但瑜姝还是按捺不住怨愤的心情,让伤害再一次加重。

这一次,妈妈完全陷入了深深的沉默。

纽约的物价是残酷的。

瑜姝过着与在韩国一样的大学生活,为了获得奖学金发奋苦读,下课之后奔走于各个兼职岗位。

尽管如此,美国对于瑜姝而言,是新鲜的。因为新鲜,所以能

够忍受。

瑜姝没有经常跟韩国的家里联系。瑜峻在国有企业找到一份称心如意的工作后，家里的生活条件似乎有了很大的改善。但妈妈好像没有辞去工作，还是继续在酒店做清洁工。

偶尔，瑜姝会抬头看看纽约的蓝天，想起家里的妈妈。可她却一通电话也不愿意打给妈妈。而且还总是以"我忙得连打电话的时间都没有"为借口使自己合理化。

好想知道妈妈的脚后跟还疼不疼了。

真想问问妈妈是不是还总坐在客厅那旧沙发上看连续剧，最近在看的是什么有趣的电视剧。

每当这个时候，瑜姝心中某个角落便会传出一个声音：妈妈到底为我做过些什么？除了腻腻歪歪没完没了的唠叨，重男轻女差别化地对待我和瑜峻，让人窒息的义务感之外，妈妈什么也没有为我做过！

邮递员送来一份包裹单——韩国寄来了一个包裹。

是一个大大的箱子，箱子上面是写得歪歪扭扭的地址，一看就知道是妈妈小心翼翼、一笔一画、照猫画虎画上去的。

"妈妈是从哪里得知我的地址的呢？也许是哥哥告诉她的吧。"望着箱子上面妈妈写的纽约地址，瑜姝感觉到了妈妈生怕写多了一笔、画多了一点而致使东西无法准确送到自己手中的那份心情。

箱子比想象中的重好多。箱子中隐隐约约传出来的气味让瑜姝猜到了箱子里装的是妈妈亲手做的食物。

应该有好几个月没有尝到妈妈亲手做的食物了。但是，瑜姝仅仅猜对了一半——箱子里整整齐齐地码着一个个的密封袋，密封袋里装着嫩萝卜泡菜、瑜姝喜欢吃的黄瓜夹心小菜、独立包装的紫菜，边上还有两个塑料瓶子，瓶子里分别装着妈妈亲手制作的辣椒酱和大豆酱。

"原来妈妈还一直亲手腌制这些东西。因为妈妈不喜欢商店里卖的添加味精的食品，所以一直坚持自己亲手做。"

箱子里还有瑜姝料想不到的东西。

箱子边上还有一个包扎得严严实实的黑色塑料袋子，瑜姝刚一提起来，里面就发出稀里哗啦的声音。

打开一看，是满满一袋的硬币。

1美分、5美分、10美分、25美分、1欧元、2欧元、5欧元……不同国家、不同面值的硬币。

妈妈清洁酒店房间时收集到的硬币。

妈妈的模样在瑜姝眼前愈加鲜明起来——妈妈满心欢喜的双手接过小费的样子；打扫卫生时在床底下、地板上、角落里小心翼翼捡起客人们遗落的硬币的样子……

因为那是女儿所在的"遥远的国度"的货币，因为那是只要一分一毫积攒起来便可让女儿吃上一顿饱饭的外国货币。

眼泪悄悄地滑过瑜姝的脸庞。

让妈妈分辨出美元、欧元、人民币、日元，还有那些不知道是哪个国家的硬币，应该有些强人所难吧？妈妈知不知道这所有的硬币加起来估计也就是十万韩币左右呢？妈妈知不知道凑够一百个一美分的硬币才是一美元呢？妈妈知不知道一美元才相当于一千多韩币呢？妈妈看着一天天鼓起来的装着硬币的小袋子，是不是心里得到了些许的安慰呢？

　　或许正是因为这种觉得自己能为留学在外的女儿尽一份微薄之力的心情,使得妈妈格外珍惜这些来之不易的外国货币,一分一分地积攒起来。

　　应该就是这种心情,肯定是这种心情!

　　当瑜姝生气地对妈妈大声吼叫——"妈妈,你到底为我做过什么?"的时候,妈妈陷入了深深的沉默之中。

　　当妈妈小声说出"好的,我知道了"之后走出瑜姝房间的时候,瑜姝就已经知道,自己在妈妈的胸口上插上了一把小小的,但却尖锐异常的刀。

　　难道妈妈就真的没有为我做过些什么吗?

　　不!

　　妈妈生我养我,无时无刻不在担心我能否按时吃饭,饭菜是否合口味,是否睡得好,在异国他乡会不会受到委屈,身体是不是健康……分分秒秒都在想着能够为我多做一点什么,哪怕就是一点点而已。

　　妈妈为我腌制泡菜,制作辣椒酱和大豆酱;妈妈在桌子上、角落里、床底下甚至灰尘中捡起硬币当做宝贝似的一个个地积攒起来,每天用手掂量着,直到感觉沉甸甸的时候,才仔仔细细地用塑料袋严严实实地包了一层又一层放在箱子的最底层,然后小心翼翼地在箱子上一笔一画地写上国外的地址,把包裹寄到纽约来给我。

　　生之恩,育之恩——妈妈所给予的是无价的爱,妈妈所付出的是无价的情……

　　瑜姝哭了许久。

　　决定在尽情哭完之后，给妈妈打一通电话，要在哭完之后等声音恢复正常、清完嗓子之后才能给妈妈打电话，这样妈妈才不至于太担心远在异国他乡的女儿。

　　像这样"妈妈！我过得很好，不要担心。妈妈的脚后跟好点了没有？还有继续去医院治疗吗？……"——打一通这样的电话给妈妈。

附笔(Postscript)

　　明知道会后悔，明知道会在妈妈的胸口上插上一把刀，但我们还总是对妈妈出言不逊。

　　因为她是妈妈，因为我们知道无论我们做了什么、说了什么，妈妈都会默默地接受。

　　因为她是妈妈，因为我们知道妈妈是这个世界上唯一一个无条件娇宠我们的人。

女人真是奇怪的动物
——继续与讨厌的朋友见面

接连几天的加班让承雅疲倦得连睁开眼睛都觉得困难。眼袋肿得像两个小馒头，浓浓的睡意清晰地写在脸上。

早晨起床后对付浮肿的眼睛于承雅而言早已是家常便饭，她拿出前一天晚上睡觉前事先放在冰箱里的不锈钢勺子，敷在眼睛上。摇摇晃晃地站在卫生间的镜子前刷着牙，却又一不小心咬到了自己的舌头。迷迷糊糊地洗着头，淋浴器里突然喷出了冰冷的水。穿上前一天晚上选好的衣服，又才发现丝袜脱了线。

承雅按捺住即将喷发的怒火，化起了妆。可许久未清洗的粉底刷总是不听使唤的分叉开来，怎么也无法匀称上粉。无论怎么努力，眉毛总是画不对称，心烦意乱使得承雅把眼线画得跟两条趴在眼睛上的蚯蚓一样，而使用睫毛夹的时候又一不小心夹到了眼皮。

承雅大声惨叫！

今天从一起床就没有一件事情是顺利的，就连妆也化不上。

其实……

承雅今天并不愿意与幼善见面。

承雅与幼善约好十一点在清潭洞的一家餐厅见面，一起吃顿便饭。

承雅手忙脚乱地整理完出门，一看手表，发现时间已经有点来不及了，于是招手打了一部出租车。刚一打开出租车门，承雅就有些后悔了——每次见面，幼善不迟到个三四十分钟都不正常，自己根本没必要专门打车赶过去。

女人真是奇怪的动物——记得以前同系的学长载锡这样说过。

"你知道在恩最讨厌的人是谁吗？"载锡学长问道。

那时的承雅也真是傻乎乎的，目不转睛、不解地盯着载锡学长。

"是慧玲。"载锡学长看了一眼一脸疑惑的承雅，自己回答道。

"什么？不会吧？我们系里谁不知道在恩学姐和慧玲学姐是形影不离的好朋友。"载锡学长的话确实让承雅感到有些惊讶。

在恩学姐和慧玲学姐连上卫生间都是手牵手一起去的。两人每学期开学的时候总是一起选课、一起听课，在学校食堂吃饭也总吃一样的饭菜。娇滴滴的慧玲学姐是家中的独女，所以在学校里在恩学姐会像妈妈一样无微不至地照顾慧玲学姐。

然而，有一天喝醉酒的在恩学姐这样对载锡学长说："其实，我真的特别讨厌慧玲。"

听到载锡学长的质疑——"既然你那么讨厌她，为什么两人还整天黏在一起？"在恩学姐睁开朦胧的醉眼，说道："我哪知道？"

载锡学长无可奈何地搭腔道："连你自己都不知道，那还有谁能知道？"

这时，在恩学姐已经趴倒在桌子上了。

"女人真是奇怪的动物。"——这是载锡学长对这次谈话的总结，也从此改变了其对女人的看法。

载锡学长到现在还时不时会问承雅："你们女人都这样吗？到底为什么这么言行不一致？脑袋瓜里到底都在想些什么？"

其实承雅也不清楚——到底为什么会这样。

到底今天为什么要跟幼善见面！

果不其然，幼善比承雅晚到了三十分钟，而且没有一句解释，也没有一丝歉意。

幼善推门走进餐厅。

承雅心烦不已："啊！我干吗要傻傻地坐在这里等她?！上辈子欠她的了？早知道这样，我在家待着或者干点家务都比在这里傻等着强不知道多少倍。"

幼善：哈哈！承雅，好开心见到你哦！我们有一个星期没见了吧？

承雅：哎哟！你这小妮子，几天不见怎么漂亮这么多了？

幼善：漂亮什么呀？你没看我长了满脸的痘痘呀？最近压力太大了。

承雅：说什么呢？哪有？我都看不到你哪里长痘痘。

幼善：哦？真的吗？那太好了！我刚才出门之前专门用了点遮瑕膏。看来效果还是蛮不错的。

承雅：别站着了，先坐下再说吧！

幼善：嗯。我们吃什么呢？先生，这边点菜……

"难道连一句'对不起，我迟到了'也不说吗？脸皮比城墙还厚！"

一份华夫饼放在了承雅和幼善的面前，空气中顿时弥漫着一股淡淡的香甜味。幼善熟练地拿起刀叉轻轻地划开华夫饼，诱人的桂皮味扑鼻而来，酥脆的外壳包裹着一层薄薄的软饼，冒着热气的饼上奢侈地堆着绿茶、香草和草莓三种口味的冰激凌，还淋着一层酸甜的蓝莓果酱。

这家深受华夫饼发烧友喜爱的餐厅是幼善的选择。但其实，承雅喜欢吃的，不是这种西方的玩意儿，而是具有浓郁本土色彩的牛血解酒汤之类的东西。

幼善又开始嘟嘟囔囔。

幼善：星期四我去逛街。在新沙洞林荫树街那边新开了家服装店，你知道吧？那里的衣服很不错，款式多，价格也挺合适的。我身上这件衣服怎么样？是昨天买的。我觉得有点太露了，是吧？不过我挺喜欢的。你觉得怎么样？

"俗气死了！就跟你一模一样！"承雅心里暗想。

承雅：嗯！很漂亮啊！我觉得我也该买一件差不多这种款式的衣服。

幼善：是吧是吧?!哦，对了，前天是我跟正宇交往170天的纪念日。他家不是挺有钱的嘛！但是他竟然送了一个就跟头发丝一样粗细的戒指给我。那戒指细得不拿个放大镜都看不到！我都不好意思拿出来戴。

承雅：你们连那种纪念日都要庆祝啊？看来正宇还是蛮善良的嘛！

幼善：善良什么呀……我有没有跟你说过他家有多有钱吗？虽然不是什么数一数二的大财团，但怎么说也是个财力雄厚的大企业。光是进口车，他们家就不止十部。他自己开辆奔驰跑车，竟然好意思送我那么细的戒指。我都替他害臊。

"其实你现在是在跟我炫耀你男朋友开的是奔驰吧？"承雅

有些愤愤不平。

承雅：怎么说，你们还是学生嘛，不要那么张扬的好。

幼善：学生？学生怎么了？法律规定学生就不能花钱吗？交往 170 天的纪念日，礼物竟然是细得跟头发丝一样的戒指，说出来也不怕被笑掉大牙？我都不好意思拿给你看。不过嘛……戒指倒是卡地亚(Cartier)的。我以前都不知道卡地亚竟然还有那么细的戒指。刚开始我还以为是冒牌货，但后来我发现里面还带有张保证书，所以我想应该是真的。不过我们还是大吵了一架。我把他骂了一大通，他可能也觉得良心上过不去，就答应我以后补送我更好的礼物，还跟我道了歉。真是的，都不知道该怎么说这些男人。

"哎！我这是干什么呀？我干吗要坐在这里听她炫耀？"

承雅：哎哟，你还真贪心。怎么说那也是卡地亚的呀。羡慕死人了！

幼善：有什么好羡慕的呀?! 早知道正宇这么小气，还不如当初跟准秀交往呢！虽然准秀家没正宇那么有钱，但找男朋友嘛，看的是人又不是钱！对了对了，你知道这次普拉达(Prada)新出的那个手袋吧？四四方方的那个……不是特别大……哎哟！承雅，你的包包是普拉达的？是真的吗？

承雅：哦？

幼善：真的吗？多少钱？在哪里买的？

"哎！"承雅在心里叹了一口气。

承雅：哦？这个……就是……

幼善：啊……是梨泰院的货？不过现在A货做得跟真的一样，不仔细看都看不出来。你拿着挺合适的。用A货其实也没什么，自己乐意就可以了，管别人说什么呢！这里东西怎么样？好吃吧？这家的华夫饼有什么秘密配方吗？好像会上瘾，几天不吃还挺想的。华夫饼一定要配上蓝莓酱才好吃。嗯！对了，你最近过得怎么样？

“话题转得还真快！”

承雅：我还是老样子呗。

幼善：是吗？说真的，生活也就是这个样子。哦，对了！你还记得玧静吗？就是我们高中那个胖妞，头大大的那个。真是女大十八变，变得我完全都认不出来了！前段时间我在酒店吃晚饭的时候，有个人在后面叫我，我看了好久，都没认出是她来。真的整个人都变了，变得可漂亮了！就跟换了个人似的。真没想到现在的整容技术这么厉害。虽然我没问她，但我看得出来她垫高了鼻子，割了双眼皮，还削了下巴。反正我看，能整的地方都整了。就不知道隆没隆胸，那个我没仔细看。要不是我还记得她那破铜锣嗓，光看人，铁定是认不出来的了。

“看来是跟你在同一家医院整的了。”承雅在心里悄悄地鄙视了一下。

承雅：哎呀！是吗？玧静过得怎么样？

幼善：仔细的倒没怎么说。看她能整成那样，估计日子也差不到哪去。后来我想了想，其实整容手术也不是那么可怕的，要找到个技术过关、可以相信的地方，也能整得挺自然、挺漂亮的。

承雅，其实你可以考虑一下去整整你的鼻子，把你的鼻尖那里稍微垫一下，整个人看起来会漂亮很多的。

"你是什么意思？说我是朝天鼻？"承雅怒火中烧，但还是选择了忍耐。

承雅：是吗？你有认识的医生吗？

幼善：嗯……我帮你问问看吧！

幼善的手机铃声响起。

幼善清了清嗓子，娇滴滴地接起了电话。

幼善：嗯！正宇。我？我现在在吃饭。嗯，跟承雅在吃饭。承雅你认识吧？现在？哎呀，怎么总搞这种突然袭击呀？你也不早点说……那怎么办？我不管，哎！真烦人。那你以后得请承雅吃饭赔罪哦！好吧，待会见。

"不会吧？我放弃休息日跑到这里来跟你见面，你竟然要先走？"

幼善：承雅，真不好意思。正宇他已经到这附近了，说有东西要给我。我得走了。

承雅：嗯。是吗？你有事你先走吧。

幼善：这总共多少钱呢？一共是 36 800……一人一半的话……那就是 18 400。哎哟！怎么办？我身上只有 15 000。

承雅：你有多少现金就给多少吧，我来刷卡。

选择自己喜欢的地方见面，迟到，随心所欲地离开，最后消费的钱在 AA 制的情况下还要以各种理由来赖账……这些都是幼善的特长。

结完账走出餐厅，承雅不禁问自己——为什么总跟幼善见面？我真不喜欢她。

仔细回想一下，每次见完幼善，承雅都是带着一肚子怨气回家的。

当年载锡学长问在恩学姐"既然你这么讨厌她，为什么还要跟她见面"时，在恩学姐是这么回答的："我哪知道？"

现在，承雅的答案也是一样的——**"我哪知道？"**

真的是百思不得其解。

可能就因为是朋友？

因为从小到大长辈们都教育我们要跟朋友相亲相爱，友好相处？

因为如果不跟幼善见面，就会被认为是"没有朋友的人"？

也许因为幼善是个可以作为"我的朋友"向别人介绍的适当人选？

没错！因为……因为是朋友！

可是，现在这种郁闷的心情又为何？难道就像电影《朋友》里面张东健提出的问题那样——"你以为我是你的跟班？"

附笔（Postscript）

承雅与幼善的友谊仅仅维持了两年。

两年后，幼善与正宇奉子成婚，然后一起离开韩国到美国生活。

幼善的婚礼上，承雅感到一种莫名其妙的歉意，于是送了一份不薄的礼金。

然而，又一个两年后，承雅的婚礼上，却不见幼善的身影。因为自从幼善的婚礼之后，承雅就再也没有见过幼善，也联系不上幼善。

承雅忽然很想知道，幼善是不是在美国认识了另一个"承雅"。

曾经需要我的你——无法向需要帮助的朋友伸出援助的手

"不能再多聊一会儿吗？"——当时静敏是这样对我说的。

"就不能再多聊一小会儿吗？"静敏声如细丝，却能让人感觉到话语中带有一股恳求与哀愁。

一种无法名状的尴尬蔓延开来，我匆忙地起身离开，只听见静敏在我身后冲着我说了句"再见，曦瑛！"

听到静敏有气无力地向我道别，我回头冲着她笑了笑，像往常一样朝着她挥了挥手，"再见，静敏，以后见！"

说完，我大步流星地离开了。不，我好像当时是一路小跑地离开的？反正差不多就是这样，我匆匆地离开了，就像逃难一样。

这次见面，却是我与静敏的最后一次见面，"再见，曦瑛"这句话也成了静敏对我说的最后一句话，是我最后一次听到静敏的声音。

两个月以后，静敏成为了一则新闻报道的女主角。

下午五点半的"新闻播报"中出现了一则新闻，或许于别人而言是简单平常的一则新闻，对我而言却至今仍无法释怀。

我清楚地记得电视画面下端的那一行醒目的蓝底白色字体的字幕——"备考女生自杀身亡"。

画面里依次出现的是我们学校校园的全景，接着是静敏跳楼自杀的那栋教学楼的顶层，然后是她离开人世前喝过的两瓶烧酒，最后是地上一滩暗红色的血迹。新闻中，记者面无表情地报道说，法学院一备考女生，由于无法承受家境的贫寒以及司法考试的压力，在服用了安眠药后自学校教学楼顶层跳下，经抢救无效身亡。之后，记者还补充说明了跳楼自杀的法学院女生原本性格开朗、乐观向上，但社会的压力与周遭的漠不关心使得正处于青春年华的学生不堪重负走上绝路。

现在重新回想起来，静敏确实是个性格开朗的女孩。

法学院的静敏与国文系的我能够认识并且成为朋友，完全归功于静敏。静敏对身边的每个人都是那么亲切友善，每次遇到朋友都从大老远就开始热情洋溢地打招呼。有的时候，甚至让人觉得她热情得有些过度。所以，我与充其量也就是一起听过几节公共选修课的静敏，成为了就算是匆忙赶时间也要停下来互相问候的关系。刚开始还感觉有些别扭的我在静敏热情的"嗨，你好！"的感染下，开始默认我与她的"朋友"关系。

从大三开始，静敏就不经常在学校出现。听朋友说，静敏在准备一年一度的司法考试。就算不是准备考试，那个时候的我们对大学的生活已经失去了新鲜感，取而代之的是对未来、对就业的担忧，大家基本上都是躲在学校图书馆用功念书，以弥补前两年对学业的荒废，所以当我听到静敏在准备司法考试时也就觉得没什么新奇和惊讶的。

我们不是什么名牌大学的学生，我们大部分人的父母都是勤勤恳恳工作的工薪阶层，我们也不可能从某个去世的亲人那里得到一笔丰厚的遗产。与此相反，每个学期不断快速攀高的学费就已经让我们难以承受，更何况还是在当今物价飞涨的情况下，而

课余四处兼职打工赚来的钱还不够每个月的零花。

我们在生活的压力下逐渐变得呆滞、麻木、矮小。

大四的暑假。

"要不要延期一年毕业呢？是该考研究生呢？还是不要考虑太多现实生活的压力而选择最适合国文系学生的职业——当一名专业作家？又或是现在就开始做就业的准备？"人生交叉口上面临的选择与苦恼沉重地压在我的肩上。

早上在补习班听完托业备考讲座，赶到图书馆占了个座位，然后匆匆去重修了大一第二学期没能拿到高分的一门公共选修课。忙了一整天，正往英语小组的上课地点冲去，只听到身后有人大喊我的名字。

"曦瑛！"静敏连奔带跑来到我身边，兴高采烈地抓住我的手。

"曦瑛，好久不见。见到你真高兴。你过得好吗？"

其实，我的人虽在路上，但心早已飞到英语小组，遇到她根本谈不上什么高兴了。

而且，静敏跟我的关系还没好到见面会很高兴的程度。

而且，我现在根本顾不上高兴也没有心思高兴。

相反，不知趣、过度热情的静敏让我觉得别扭。

"嗯！听说你最近在准备司法考试？准备得怎么样了？"

"嗯，尽力而为吧。听说今年考试比往年都要难。说真的，见到你真高兴。我们聊一会儿吧。你不赶时间吧？"

"嗯？"

"现在很忙吗？"

其实，我想说"嗯！我现在很忙。我四点半要赶到英语小组那边练口语，而且还得准备英语单词的考试。我现在一个单词都没背下来呢。这个月底还有托业考试，这次再考不好，我都没脸见江东父老了。我们英语小组如果上课迟到的话，是要交罚款的。还有，待会单词考试要是考最后一名，我就得请英语小组所有一起上课的人喝咖啡。再说了，我们俩根本就没有什么共同话题，真不知道要跟你聊些什么好。"但是，一向不善于拒绝别人的我站在静敏面前尴尬地笑了笑。

"别站着了，我们到那边坐坐，聊一会儿呗。"

真不知道她是故意的还是真没看出我的不乐意，静敏拉着我的手，脸上笑开了花。静敏连扯带拽地把欲言又止的我拉到了一旁的长椅上。

那天，静敏的话多得出奇，就像一个关禁闭多日刚被释放出来的人想要把所有的话一股脑儿地都倾诉出来一样。

当时，我简单地以为她是因为每天猫在图书馆与法典打交道，所以孤独寂寞，想找个人聊天。

可能是孤独寂寞了。

是孤独寂寞吗?

嗯，太孤独寂寞了……

静敏最终还是做出了一个让所有人都感到惊愕的选择。

其实，我也孤独寂寞。前途一片迷茫，根本就不知道该从何做起、如何开始。每天都希望能有个人生的前辈来教导我该如何去生活，怎样去面对人生，希望可以有人给我指出一条明路，让我沿着指引的方向前进。

　　静敏滔滔不绝地向我诉说——为了摆脱生活的贫困，她咬紧牙关、悬梁刺股地考上了大学。上了大学之后又四处奔波打工赚学费和生活费。后来交了男朋友，意外怀了孕又堕了胎，就在准备司法考试之前，那个发誓会一辈子爱她照顾她的男朋友提出了分手。分手的时候男朋友做得很绝情，于是她决定一定要活出个样来，给那个曾经伤害过她的男朋友看看，让他后悔……

　　"为什么要跟我说这些……我们的关系似乎也没有亲密到这种地步……"

　　在短短的几分钟里，静敏像是早已准备好向我敞开心扉一样，把她人生中连最亲的家人都难以开口诉说的苦楚统统告诉了我。

　　"啊！难道她把我当成了最好的朋友？这些话真的适合讲给我听吗？"

　　静敏把自己内心最最隐秘的感情、最最隐秘的耻辱与愤怒、最最痛苦的记忆，毫无保留的全部告诉了我。在我面前，她已经没有了秘密。在向我倾诉的时候，静敏的嘴边露出了一丝让人难以理解的浅笑。在讲述这些令人痛苦的心酸往事时，她始终面带微笑。就像在讲述童年的趣事一般。

　　我艰难地听着她的诉说，像是看到了她内心血淋淋的伤口，她每说一句话，我就觉得自己像是伸手撕开她还未愈合的伤口，然后慢慢地在伤口上一把一把地撒盐。她的诉说把她的痛苦原封不动地转移到了我的身上。忽然间，一股愤怒涌上心头。

　　"我为什么要坐在这里听她讲这些跟我毫无干系的事情？"

　　真不舒服！心真烦！

"我们的关系根本就没好到那个地步，为什么要浪费我的时间，让我跟她一起受折磨？我的人生已经够让我焦头烂额的了。"

她那血淋淋的伤口让我感到了不快与负担。

"别说了！我不想再听下去了！我不想听这些暗郁的往事。"

她刚讲完她的痛苦往事，我就迫不及待地站了起来，有些冷淡地说道："那就再见了，我要先走了。"

"不能再多聊一会儿吗？"——当时静敏是这样对我说的。

"就不能再多聊一小会儿吗？"

恳求的语气顿时让我心生怜悯，但这种怜悯稍纵即逝，我还是自私地选择了转身离开。

我没有勇气也没有能力去抚平静敏淌血的伤口。或者她的诉说触痛了我的心，或者是我害怕自己也会体会到她那种满身疮痍的疼痛。于是，明知道会后悔，也不顾上别人的感受，我像个罪犯一样匆忙地逃离了犯罪现场。

静敏眼中噙着一丝绝望。

"再见，曦瑛！"

向我诉说完心中的苦楚，静敏是感到悲伤，还是感到绝望？亦或是更加孤独寂寞？

在我转身离开的时候，我分明听到了——"帮帮我！"

声音虽小，但却非常清晰。

"帮帮我！"

我被吓了一跳，回头一看，发现静敏的眼光已经转向别处，神

情落寞地独自坐在长椅上。

也许这就是静敏向这个世界发出的最后的信号。

而我，却只是一心想到英语小组迟到的话要交罚款，想到如果单词考试考最后一名要请大家喝咖啡……于是我大步流星地朝教学楼走去。

虽然离开的时候，心里有点觉得过意不去，但转眼我就把静敏忘得一干二净。

那天我没有迟到，用不着交罚款；单词考试我得了第一名，不用请一起学习的同学喝咖啡。

而且，月底托业考试的成绩也比上次提高了五十分。

同时，带着一种能推就推的心态，我决定考研究生继续升学。

其实再多聊一会儿也没关系的。

其实还可以再多聊一会儿的。

其实……我也需要有人来陪我聊天，我也需要向朋友诉苦。

其实……有的时候，我也需要朋友来握住我的手，需要朋友向我伸出援助的手。

对不起，静敏！

真的对不起！

附笔（Postscript）

当朋友伸出手的时候，我们需要做的，仅仅是抓住他们伸向我们的手。

其实，我们都有向朋友寻求帮助的时候，都有想念握住的手传来温热感觉的时候。